光尘
LUXOPUS

生活中的心理学

④性格与人际关系

王垒 著

人民邮电出版社

北京

图书在版编目（CIP）数据

生活中的心理学. 4, 性格与人际关系 / 王垒著. --
北京：人民邮电出版社，2024.1
　ISBN 978-7-115-63500-6

　Ⅰ. ①生… Ⅱ. ①王… Ⅲ. ①心理学－通俗读物
Ⅳ. ①B84-49

中国国家版本馆CIP数据核字（2023）第246772号

◆ 著　　　　王　垒
　责任编辑　马晓娜
　责任印制　陈　犇

◆ 人民邮电出版社出版发行　　北京市丰台区成寿寺路 11 号
　邮编 100164　电子邮件 315@ptpress.com.cn
　网址 https://www.ptpress.com.cn
　涿州市般润文化传播有限公司印刷

◆ 开本：880×1230　1/32
　印张：6.75　　　　　　　　2024 年 1 月第 1 版
　字数：141 千字　　　　　　2025 年 8 月河北第 4 次印刷

定价：45.00 元

读者服务热线：（010）81055671　印装质量热线：（010）81055316
反盗版热线：（010）81055315

序言

在当代中国社会，心理学已逐渐成为显学，迎来了有史以来最好的时代！

回首 20 世纪 80 年代初，在北京大学校园三角地的书店，只有一本心理学类图书，并且被归在哲学类图书里，孤零零的。估计很少有人问津，因为人们很难注意到它。

那时候，心理学是个冷门学科，人们甚至不知道有这么个学科，以至于如果有人选择学习心理学，会有些奇怪。当时，一位老教授对新入学的新生这样说："你们上了'贼船'了。"意思是，你们看样子是学了不能学、不该学的东西。足见当时心理学的尴尬。

在当时，学者们经常调侃，心理学现在是锦上添花，是调味品，而不是必需品。也就是说，对生活或学术来讲，它可有可无。而只有到了它成为生活的必需时，它才会成为显学。四十多年过去，终于等到了这一天！

心理学怎么就成了生活的必需品了？

当你无法欣赏生命本身，无法从生命中内生出一种力量，时时刻刻感到厌倦，分分秒秒感到苦恼，随时随地欲要摆脱，你就没有和你的生命融为一体，就是出了问题。这时就需要心理学的帮助，心理学就是必需品。

心理学是帮助我们了解人生、开启人生、高效生存、迈向幸福的钥匙。

你想快乐，你就需要心理学；你不想不快乐，你也需要心理学。

让我们来看看让心理学成为必需品的场景。

先说职场。这里压力很大。为什么有些人选择"躺平"？因为心理动力不足，因为没有目标，因为没有办法。人们必须在认知和行动上重新找到工作的意义。另外一些人则选择"卷"起来，拼了命地竞争，即使不堪挣扎也无法放弃，越"卷"越用力，以至于被卷入职场的旋涡无法自拔。这两类人同样需要心理学的拯救。

特别是，工作中人们会有这样的感受，不管自己怎么拼命努力，总得不到上司的赏识，而自己工作上出了点差错，却被上司揪住不放，被训斥，甚至被同事嘲讽，感觉遭受了职场暴力。但有时也会奇怪，你觉得别人都不行，可是眼看着那些看起来比你差的人不断晋升，活得比自己好。这是自己得了职场红眼病吗？为什么自己的人生会这样？为什么自己就不能成为自己想成为的人？这里有心态的问题，有认知策略的问题，也有生活方法的问题。心理学都能为此提供帮助。

再说婚姻关系。为什么在一些人看来，婚姻成了爱情的坟墓？一部分原因来自认知和情感的偏差。例如，最初人们在意的是对方的优点，看到的都是对方的长处，于是就越想越觉得自己需要对方，对方就是自己的另一半。但后来发生了什么？原本熟悉的长处变得习以为常，吸引力降低，你开始盯着对方的缺点看，每天想的都是对方的不足，甚至变得吹毛求疵。于是，你开始讨厌另一半，巴不得把对方甩掉。其实大多数情况下，人还是那个人，只是这段关系中彼此的认知发生了扭曲，情感也就跟着发生扭曲。所谓坟墓，其实都是自己亲手搭建的，自己刨坑把自己埋了。

再看子女教育。很多家长搞不清什么是快乐教育、什么是挫折教育，什么是惩罚教育、什么是溺爱教育，一开始的教育方式就错了，亲子关系越来越拧巴，教育适得其反。有些家长还觉得，把孩子教成了自己最讨厌的样子，白费功夫了。

你可能在商场看到过，一些孩子因为家长不给自己买玩具，就号啕大哭，躺在地上耍赖。家长大声呵斥，甚至动手，也无济于事。孩子撕心裂肺地哭喊，很是扎心。你也许会奇怪，孩子怎么会变成那样？忘了自己可能也曾是这个样子，或者自己的孩子也可能会做出类似的事情。为什么会有这样的行为呢？有什么方法避免呢？

你可能在电梯里看到妈妈呵斥上小学的女儿，嫌她不够勤奋，嫌她懒，嫌她笨，嫌她没有达到父母的要求，嫌她没有得到老师的赞扬……孩子泣不成声、无地自容。你可能会想，这个妈妈为什么会这样教育孩子？太不通情理了。你可能会怀疑，在这样的沟通方式下，孩子能过得好吗？孩子对自己满意吗？对未来的人生会是满意的吗？实际上，很多人的童年也有过这样的遭遇，或者自己也会活成这样的妈妈。为什么意识到了不好还会这样做？到底哪里出了问题？有什么办法纠正？心理学会提供帮助。

在其他场景，如在考核、考试、竞赛中，人们常常发现自己越是想避免的结果，好像越容易发生；而自己越期待的东西，越容易失之交臂。于是，生活成了烦恼的来源。

……

为了解决这些烦恼，人们积极地寻找方法，如多读书。

而心理学成为显学的标志之一就是市面上的心理学读物越来越多，彰显出心理学的繁荣。如果你去书店转转，就会发现有关心理学的图书成架成堆，令人目不暇接。在经济、文化发达的社会，心理学作为显学的表现之一是书店里有关心理学的图书数量排在前列。其他指标包括每年授予心理学博士学位的人数在各学科中排在前列，每年大学里选修心理学课程的人数排在前列。

虽然现在书店里有关心理学的通识入门图书越来越多，但仍然存在以下几个问题。

第一，一部分是学院式教科书，它们比较适合大学心理学专业的学生学习，它的好处是系统性强、科学性强，但不足也很明显：通俗性不足，与大众的关联性不多，实用性不强。对大众来说，仍有距离感。

第二，一部分虽然强调生活的关联性、日常的实用性，但要么缺乏心理学的科学支撑和严谨性，要么其心理学知识片段化、局部化，抑或只涉及某些专题，让人很难看到整个心理学的基本框架和面貌。还有些通俗读物往往注意强调个人的感悟，或者受作者个人专业领域的局限。总之，偏向于为大众介绍心理学的通识图书十分稀缺。

这使我想起很多年前看到的艾思奇写的《大众哲学》，它不厚不复杂，文字简略，娓娓道来，有故事，有生活，有知识，有哲理，通俗易懂，深入浅出。这给了我很大的启发。写给大众的心理学概论之类的图书，应该具备这样的特色，它会让人爱不释手，让大家觉得贴近生活，接地气，学而有用，用有所悟。

当然，要写这样一本书，需要巨大的勇气和相当的投入，需要下很大的决心。好几年前，先后有多个音频知识平台发来邀请，直到2021年，帆书（原樊登读书）派出编辑小组与我商讨，先后持续了大半年。我感动于他们的执着，终于下了决心，编写、开讲"生活中的心理学"，因为做这件事实在是非常有意义、有价值。它不仅推广科学，传播知识，更能在日常生活的点点滴滴之中，帮助大众更好地、更有效地、更快乐地生活和成长。这也是我开设这门课的宗旨。

音频课播出后相当受欢迎，很快播放量就超过一百万。于是，光尘图书的编辑找到我，建议把课程的内容整理成图书出版，呈现给更多的读者，这就有了现在的《生活中的心理学》这套书。当然，我在原来音频课基础上做了相当大的修改，使它系统性更强，框架均衡，内容充实，更便于读者分门别类地吸纳知识。

下面来说说这套书的框架。

这套书共四册，呈现系统性的心理学知识，同时每个关键知识点都联系到社会生活的真实场景和应用方法。具体包括以下几大部分。

认知与理性。讲解人的认知过程，说明人是如何认识世界的，内容如下。

- 感知：我们是怎么感受世界的，有哪些感觉，各种感觉如何协调工作，我们该如何防止被感知觉欺骗？

- 专注：如何注意该注意的、忽略不该注意的，如何当心注意盲区，如何调整注意策略？

- 记忆：什么是记忆和遗忘，如何提升记忆力，过目不忘是真的吗？

- 学习：人们如何通过各种学习积累经验，有什么窍门？动物的学习和人类的学习有什么相通之处，可以借鉴吗？

- 言语：言语能力是天生的吗，有哪些自然语言，如何矫正口吃？

- 思维：如何有效思考、解决问题，如何规避思维陷阱？如何提高思维能力？逆向思维、镜像思维、延展思维是怎么回事？

• 想象与创造力：如何锻炼想象力，如何凭借有限想象力想象无限的事物？有哪些能更好地发挥创造力的策略？

情绪与情感。例如各种基本情绪，如喜、怒、哀、惧，以及复杂情绪，如焦虑、傲慢、嫉妒、抑郁都有什么特点？情绪的调节方法有哪些？情绪与情感的区别是什么？负面情绪有哪些积极作用？如何才能更快乐？幸福的密码是什么？如何摆脱焦虑和抑郁？

动机与行为。人们的各种行为动力来源是什么？本能、需要、驱力、意志如何渗透在我们的日常生活行为中，为我们提供何种行为动力？为什么有人暴饮暴食，有人却厌食；为什么有人常立志、有人立长志？成就动机怎么来的？不满意的反面为什么不是满意？鱼和熊掌如何兼得？如何提高内在动机？为什么有人为财死，而有人对理想至死不渝？

性格与人际关系。人的气质和人格是什么，有什么关系和区别？为什么有的人很有耐性，有的人却很暴躁？有的人很执着，有的人很懦弱？文艺作品中那么多栩栩如生的人物，如何解读他们的主要性格？他们为我们的日常生活提供什么样的指南？还讲了生活中的各种关系，如亲密关系、夫妻关系、婚恋关系、亲子关系、同事关系、上下级关系、邻里关系。人如何理解这些关系中的心理？如何在各种关系中游刃有余地应对？如何更好地经营这些关系，让生活更有质量？

这些内容涉及生活的各个层面，力求做到内容丰富又详略得当。

这套书的另一个特点是"新"。我选用了不少 2020 年以后最新的心理学发现，它们大多都还没有进入学院式教科书。大家可以由此看到心理学最新的进展，以及它如何深入我们生活中的方方面面，先睹为快。通过读这本书，你很有可能比心理学专业的本科生更早知道一些内容。

特别是，我选取了多篇 21 世纪《自然》(*Nature*)、《科学》(*Science*)这类顶级科学期刊上发表的心理学相关研究，为读者做了解读，使大家能够更好地了解心理学如何以相当简明但严谨的方式去剖析非常深刻复杂的现象，领略科学的风采。

为了帮助大家读好这本书，这本书的构造强调三个组成要素：一是知识内容，告诉大家具体的心理学原理；二是生活应用，告诉大家如何将心理学知识用于自己的生活；三是深刻和高度的提炼，从而更好地指导生活。你会看到，每个章节都贯穿这三个要素。特别是第三个要素，也就是知识凝练，我专门为大家写作了一些总结性的话语，把心理学的智慧提升起来，沉淀下来，凝聚出来。

总之，这是这样的一套心理学图书：

- 它是写给普通人的心理学教科书，写给学生的通识读物。
- 它是比教科书更通俗易读的心理学通识图书，比通俗读物更科学丰富的教科书。
- 它把科学讲进故事，把故事讲出科学。

- 它是不费力气也能读下来的教科书，花点儿心思就能上手的实用指南。
- 它使你不再觉得生活很累，为你增添许多人生智慧。

希望你不是真的因为生活有很多困惑或纠结才来看这本书；但如果你生活中真的有些困惑或纠结，那你一定要来看这本书。送你一句话：

放下拿不起的，拿起放得下的。

感谢帆书的舒从嘉、殷紫云，他们坚持不懈的努力，直接促成了我下决心写音频课的讲稿，并在我随后每一期的音频课讲稿的写作中，给予了很多有价值的建议和意见。感谢我的学生郑清、马星、贾浩哲，他们在我的课程讲义的写作中承担了部分文献和素材的整理工作。感谢光尘文化传播有限公司的王乌仁，以及人民邮电出版社的各位朋友，他们对课转书的定稿提供了许多建议和意见。他们的耐心和专业精神尤其令人敬佩！

王垒

于北京大学

目录

第一章

人格及其形成

红学家李希凡先生在他的著作《传神文笔足千秋》中，有这样一段关于大观园女性的文字描写：

林黛玉的纯情，薛宝钗的博学，史湘云的豪迈，妙玉的孤高自许，迎春的温柔沉默，探春的文采精华，惜春的稚气飘逸，以至晴雯的率真任性，紫鹃的聪慧忠诚，鸳鸯的刚烈卓识，平儿的善良宽容，也包括袭人的"枉自温柔和顺"……

在这段描写中，李希凡先生形容每一个人物都只用了几个字，便精准地勾勒出这个人物最主要、最核心的特征，使鲜明的人物形象跃然纸上。这些词绝大多数都是在描述人物的人格特点。

实际上，每个人都可以称得上是人格心理学家，因为每个人都有自觉形成的关于人格的一套理论。正是靠这套理论，我们才可以更准确地了解自己和他人，从而更清晰地描述和评价自己和他人。

就我国古代四大名著里一些家喻户晓的人物来说，大家都能给予精确的描述。我做过一些公众小调查，具体来说，对《三国演义》中的诸葛亮，大家会用尽职尽责、鞠躬尽瘁、足智多谋、运筹帷幄、能言善辩、淡定稳重、谦和儒雅等词来描述；对《西游记》里的唐僧，则用从容淡定、慈悲大度、善良敦厚、内向腼腆、坚韧不拔等词来描述；对《水浒传》里的李逵，则用鲁莽直率、忠诚孝顺、讲义气、刚毅、急躁易怒、有勇无谋等词来描述；而对《红楼梦》里的林黛玉，则用多愁善感、忧郁敏感、温柔专情、聪明善良、才华横溢、情感脆弱、内心执着等词来描述。

所有这些词语，都是对这些人物的人格描绘！

有了大家对这些人物的描述，每个人物的人格画像就活灵活现地展现出来了。这样，你就能准确地把握这些人物，而不会混淆他们。如果你把唐僧形容成多愁善感、温柔专情，那么他就不会是得道高僧了。同理，如果你把李逵说成足智多谋、淡定稳重，那么他的绰号就不是黑旋风了。你肯定不会犯这种低级错误。对于不同的人有什么人格特点，该怎么描述，你心里分得很清楚，描述也会很精准。

当然，你也会很细致地描述自己。比如，是心思缜密还是神经大条？是博闻强记还是才疏学浅？这些说的是人格中的能力特点；是感情专一还是见异思迁？是多愁善感还是从容洒脱？这些说的是人格中的情绪情感特点；是做事善始善终、持之以恒，还是敷衍塞责、得过且过？这些说的是人格中的动机、意志特点。

那么，你怎样描述自己的孩子呢？你可能会说他（她）聪明伶俐、勤于思考，这指向人格中的能力特点；可能会说他（她）重感情、很乐观，这指向人格中的情绪情感特点；也可能会说他（她）做事认真、耐挫抗压、坚韧不拔，这指向人格中的动机、意志特点。

有时，你也会这样说自己的同学或同事：

"这点事你都搞不定，你的能力也太'菜'了吧?！"这指向人格中的能力特点。

"这有什么可笑的，你的笑点也太低了吧?！"这指向人格中的情绪情感特点。

"这点困难你就打退堂鼓，你的毅力简直弱爆了?！"这指向人格中的动机、意志特点。

所有这些都说明你真的称得上是个"民间人格心理学家"，只是你自己没有意识到而已。

那么，什么是人格？人格是怎样形成的，又具有哪些特质和作用呢？

接下来，我们就一一阐述。

第一节　人格的定义

人格代表着人的独特风格，包括稳定的、习惯化的思维方式和行为模式。它决定着人们如何理解和看待自己、如何影响他人，其中包括他们内在和外在的可测量特质的模式，以及人和环境交互作用的特征。通过这些内容，可以对个人独特的认知和行为方式进行解释。

关于描述人格的词，一般都有明显归类，如描述认知能力的、描述情绪情感的、描述动机和意志的，这些对应的就是个体的三大心智过程：认识过程，即认识世界、了解世界的过程；情绪情感过程，即体验世界、感受世界的过程；意志过程，即采取行动应对、改变世界的过程。每个人都有知、情、意这三大类心智过程，但在其中表现出来的个人特点都不一样，它们沉淀下来便形成了一个人的习惯，这就是每个人独特的心理和行为风格，简称"人格"。

人格"personality"一词，最早源于古希腊语"persona"，原意是指希腊戏剧中演员戴的面具。面具随着人物角色的不同而变换，体现了角色的特点与人物性格，就像我国京剧中的脸谱一样。心理学沿着"面具"的含义，将其转译为"人格"。它有两种含义：一种是指一个人在人生舞台上所表现出来的各种言行，遵循社会文化习俗的要求

（对应于不同角色）而做出的反应，即人格面具，这是人格的外在表现；另一种是指一个人由于种种原因没有展现出来的人格成分，即"面具"后面真实的自我，这是人格的内在特征。

在心理学中，人格是探讨完整个体与个体差异的领域。时至今日，由于心理学家各自的研究取向不同，对人格尚未形成完全统一的定义。心理学家汉斯·J. 艾森克（Hans J. Eysenck）说："人格是个体由遗传和环境决定的、实际的和潜在的行为模式的总和。"美国心理学家雷蒙德·卡特尔（Raymond Cattell）说："人格是一种倾向，可借以预测一个人在给定情境中的行为，通常与个体的外显和内隐的行为相关联。"美国心理学家理查德·拉扎勒斯（Richard Lazarus）说："人格是稳定的心理结构和过程，它组织人的经验，形成人的行为和对环境的反应。"心理学家沃尔特·米歇尔（Walter Mischel）则说："人格是个体心理特征的统一，决定了内隐和外在的行为。"

虽然心理学家们有关"人格"的定义各不相同，但这些定义也有一些共同点。综合各家看法，我们可以将人格的概念界定为：人格是心理特征的整合统一，是一个相对稳定的心理结构，是在不同的时空背景下影响人的外显和内隐的行为模式的心理特点。简言之，人格是一个人稳定的、习惯化的心智模式和行为方式。人格决定了人们如何理解和看待自己，如何影响他人，其中包括人们内在和外在的可测量特质的模式，以及人与环境交互作用的特征。这些内容都可以对个体独特的行为方式进行解释。

从以上定义可以看出，心理学中所谓的"人格"与我们日常生活中说的"人格"不大相同。人们常说一个人"很有人格魅力"或"人格低俗"，侧重的是这个人的品质、修养或道德情操，而心理学中的人格通常代表的是一个人独特的风格。

第二节　人格的功能

　　人格体现了个体在社会和生活环境中一贯表现出来的思维、情绪和行为模式，所以每个人都会形成关于自己以及其他人的品行的看法，并且相当系统和完整。不论你是否意识到人格的存在，它都是一种每个人都持有的潜在的人格理论，这种人格理论可以帮助我们调整自己的行为，也能帮助我们选择环境。这也是人格最基本的两大功能。

了解和调整自己的行为

　　人格可以调整个体的思维和行为的各个开关，使其跳转到自认为最舒适的状态。

　　如果你是个很外向的人，那么你通常会比较爱热闹，喜欢扎推和聚会，喜欢人际交往。这些偏好都是符合你的性格特点的。

　　如果你是个热爱冒险的人，那么你通常具有很强的开放性，乐于尝试各种新的观念、事物等，对新环境也有很强烈的好奇心和探索欲；你会寻求改变，连房间内的布局都时常变换花样。相反，如果你是个比较保守的人，那么你会喜欢比较传统的、规范的、循规蹈矩的事物，不太愿意去接触新环境，对于新产品、新工作，甚至新菜品或新的艺术形式，你都会选择回避或者拒绝。

选择环境

人格会促使个体自动筛选自己想要接触的环境，使自己处于自认为最惬意的环境。这与我们常说的"物以类聚，人以群分"很相似。也就是说，我们会选择性地去与自己喜欢的人接触，而远离自己不喜欢、不想接触的人，创造一个令自己感到舒适的人际环境。

在人际关系方面，如果你是一个做事特别认真严谨的人，就不屑与做事潦草、敷衍塞责的人一起共事；如果你是一个特别有爱心、慷慨的人，就不会容忍身边的吝啬鬼；如果你是一个性格特别豪放、爽快的人，就很可能会讨厌身边那些磨磨蹭蹭、扭扭捏捏的人。

在职业选择方面，如果你是一个锱铢必较、对细节非常敏感的人，会比较适合做财会工作，而不适合做营销工作；如果你是一个情感豪放、思维洒脱的人，会比较适合做创意研发或艺术类工作，而不适合做行政工作。

因此，你是一个什么样的人，在某种程度上决定了你会有一个什么样的生存环境。你的人格决定了你的人生空间和格局。这也提醒我们，人格设计很重要，即把自己打造成一个具有哪些人格特征的人，一旦人格设计错了，那么可能很难融入特定集体，所以要格外留心。

第三节　人格的形成与特质

人格的形成与人的早期成长经历密不可分。先来看几个常见的有关儿童的事例。

一些孩子很喜欢用嘴巴去舔、喝、尝、咬各种东西，有些孩子甚至长大了还会啃咬自己的手指。家长为此很烦恼和生气，训斥孩子："你怎么什么东西都用嘴咬？多丢人！"在家长眼中，孩子长大了，不应该再用嘴去乱咬东西了。

为什么在孩子很小的时候这些行为是可以接受的？为什么这些行为会固化下来呢？

还有，在大街上或商场里经常会有孩子哭闹着要买玩具，家长说："不能再买了，你已经有很多玩具了！"但孩子非要买，不给买就躺在地上打滚，号啕大哭，家长怎么劝说都没用。有的家长甚至会一气之下干脆走人，任由孩子躺在地上哭闹。

我在一个理发店看过一个小女孩和姥姥一起理发，姥姥把长长的头发剪得很短，小女孩看到后放声大哭，非常难过，嘴里不停地说："姥姥的长头发都没了！"姥姥心疼地抱着小女孩，却怎么也哄不好。在孩子看来，姥姥换了一个新发型这件事是无法接受的，她的世界好像因此崩塌了一样。

为什么会出现这样的情况？

这些都与人格成长不同阶段的特点有关。人格的最终成熟，都有一个逐渐发展演变的过程，而且这个过程相当漫长，是个体自我发展和环境相互作用的结果。关于人格的形成过程，心理学家也有不同的说法，其中非常具有代表性的是奥尔波特的特质形成学说。

奥尔波特提出"人格特质"

高尔顿·奥尔波特（Gordon Allport）是美国著名心理学家，于1897年出生在一个医生家庭，从小受到良好的教育。25岁时，奥尔波特获得了哈佛大学心理学博士学位，他的老师是著名的心理学大师威廉·麦独孤（William McDougall）。后来，奥尔波特去了欧洲，先后在柏林大学、汉堡大学、剑桥大学等知名学府深造。可以说，他是一个浑身罩满了光环的超级学霸。1924年，他回到美国，从此人生更是一路开挂：33岁时任哈佛大学心理学教授；42岁时当选美国心理学会主席；67岁时获得美国心理学会颁发的杰出科学贡献奖。

作为人格特质理论的创始人、现代个性心理学创始人之一，奥尔波特最早提出了"人格特质"这一概念。所谓人格特质，是指一个人具有的特殊的、独特的心理和行为特征或品质。它们的集合或总称，就是人格。需要特别指出的是，他认为人格有个人净化和社会促进的积极作用，这在我们下面介绍的人格发展八大阶段可以得到充分理解。因此，人格培养也有着重要意义。

奥尔波特所生活的时代，正是心理学研究方兴未艾、各种学说层出不穷的时代，而奥尔波特的学术观点很有特色。他认为，人的内心存在一个人格组织者叫作"统我"，也叫作"自我统一体"，它会随着人的出生与成长不断发展，最终形成成熟的人格，并对人的心理与行为起到组织作用。

统我发展的八个阶段

奥尔波特认为，统我从个体的出生到终老一共经历八个阶段，每个阶段都可以用一个关键词表示。

接下来，我们分别了解一下这八个阶段。

第一阶段：自我躯体感（1岁左右）

在1岁左右时，个体开始意识到自己躯体的存在和可控制性，对属于自己的每一个部分开始有熟悉感和控制感，而对自身以外的其他部分则有陌生感。这就是为什么小孩会"初生牛犊不怕虎"，看到谁都会笑，而慢慢大一些后却开始怕生。这种躯体上的分辨我与非我的能力，就是自我意识发展的基础和开端。

在这个阶段，婴儿会表现出一些有趣的行为。比如，他们会用小手去触摸一切能摸到的物体；喜欢玩自己的双手，了解为什么这两只手能够受自己的控制，它们有什么特点和作用。当他们用手触摸外部世界时，又会产生各种感受和效果。他们会了解这是自己的自主行为所产生的结果，这是主动意志的萌芽。

同样，嘴巴也是婴儿探索世界的重要工具。他们喜欢到处舔，手里有什么都想往嘴里塞，看到什么咬什么，看似好笑，其实是在探究自己（为什么产生各种感觉）、探究环境，进而慢慢发展探索欲与好奇心。弗洛伊德把人的这个阶段称为口唇期，处于这个阶段的婴儿非常看重满足口唇的欲望。如果这个阶段的婴儿不能很好地探索环境，甚至不能吃饱喝足，即口唇欲望无法得到满足，那么等到儿童期时，他们就会非常留恋这种形式，并以咬嘴唇、咬手指、咬铅笔等特殊行为方式将这种形式固着下来，这便是发育受挫、适应不良导致的行为。更严重的是，如果这个阶段的婴儿经常遭遇痛苦，得不到很好的照料，还可能会形成消极心态和对外界的不信任，埋下对外界敌意的祸根。

自我躯体感产生于婴儿与外部环境直接的相互作用，这种感觉为婴儿未来的自我觉知与人格发展奠定了基础。

走好人生第一步虽然不是万能的，却是必要的。

第二阶段：自我身份感（2岁左右）

2岁左右的幼儿开始意识到：不管在什么情况下，在什么样的环境里，自己总是同一个人。这就是自我身份感，也叫自我同一性。他们知道拍打自己和拍打别人的效果是不一样的，这时，如果他们一巴掌打在你的脸上，你不要生气，因为他们可能是"故意"的，但并不是恶意的，只是想证明打在自己脸上和别人脸上的效果是不同的。如果你表情痛苦，他们会开始学习同理心，懂得友善和不应该伤害他人；但若教育不当，就可能埋下欺压、霸凌的祸根。

同理心是人性弃恶扬善的分水岭。

在这一阶段，幼儿的语言能力也开始发展。他们会意识到自己有一个名字，无论什么时候、什么场合，这个名字指的都是自己。如果有两个孩子重名，并相遇了，他们会感到好奇和困惑：怎么会有两个我？这个时期，孩子还会有很强的自我中心感，以为全世界都是围绕自己转的，比如分不清自己和对面其他人的左右，因为当对面的人举起右手，在孩子的视角看来是自己的左边。

第三阶段：自尊感（3 岁左右）

3 岁左右的幼儿开始学着自理，如会自己吃饭、穿衣服、穿鞋子等，可以独立完成许多活动，并且开始从活动的结果中体验到不同的情绪，也会因为活动完成的好坏而感到开心或沮丧，并由此形成乐观或悲观的心态，发展出最初的自尊、自爱，也学会了"知好歹"。

在这个阶段，幼儿已经能够独立行走，会到处摸、到处抓，有时也会"闯祸",打碎一些东西,受到家长的斥责,这会让他们产生内疚感。有的孩子比较冲动,需要家长引导学习克制。如果此时教育不当,可能会导致幼儿产生自我怀疑;而如果因为能独立完成事情得到父母的夸奖,他们会发展出自豪感。

迟到的不是荣誉,而是努力和教育。

第四阶段:自我扩张感(4 岁左右)

4 岁左右的幼儿不断拓展自我的内涵和外延,他们知道除了自己,还有许多属于自己的事物,如"我的玩具""我的衣服""我的妈妈"等,这就是幼儿自我感觉扩张到外界事物的表现。他们会产生一种拥有感,如果自己的玩具被别人拿走了,会非常生气;如果自己的衣服不见了,会非常难过;如果自己的妈妈总是不理会自己,而是逗弄别的小朋友,会很嫉妒。

前面提到,小孩得不到玩具会大哭大闹,因为他们意识到自己可以拥有一些东西,而一旦这个愿望得不到满足,他们就会非常不理解并难以接受。这并不是孩子在无理取闹,而是他们成长过程中的自然反应。作为家长,我们要理解孩子身上的这种现象,耐心教育引导孩子,不是什么东西都可以成为"自己的"。其实,有时让孩子拥有太多玩具并不好,会让孩子的占有欲太强,认为什么都是可以拥有的,要多少就有多少,这反而容易滋生孩子不可控的私念和贪欲。

第五阶段：自我意象感（4～6岁）

4～6岁的儿童开始对自己和自己的行为形成稳定的印象，并能够将这种印象与别人对他的期望进行比较，由此建立起自己的行为标准。也就是说，他们的道德意识在萌芽，他们甚至能根据自己的愿望规划行为。在此阶段，孩子也开始有了对错之分，如果他们做错了事，比如把小伙伴弄哭了，他们会傻傻地发呆，露出内疚的表情，这时他们知道错了，知道自己可能会受到大人的批评。同时，他们也开始学着按成人教导的社会规范待人处事，学着守规矩。在幼儿园里，你会看到一些大孩子有是非感，会讨老师和他人喜欢，会帮助老师和集体做事。也就是说，孩子的责任心和条理性在此阶段开始萌芽，如果得不到很好的引导，可能会为他们日后缺乏底线思维埋下祸根。

责任心在自我品质中的重要性首屈一指，为人格赢得最多点赞。

第六阶段：自我理性感（6～9岁）

6～9岁的儿童逐渐发展出理性思维的雏形，能够对一些事物进行理性思考和判断，开始不再简单地听信于成人。比如，在学习过程中，如果他们发现父母说的与老师说的不一样，他们就会当场指出："你说得不对，老师不是这样说的！"也就是说，这个阶段的儿童学会了讲道理，这也是儿童建立是非观的里程碑式标志。他们开始不只是依据对自己是否有利来判断事物的好坏，而是能够根据一般性的原则和规律进行判断。这也是儿童发展真诚求是、理性务实、不徇私情等品质的基础。

理性和情感不是对立的，而是人性开始成熟行事的两条腿。

心理学家让·皮亚杰（Jean Piaget）指出，理性思考能力发展的成果之一是形成客体守恒的观念，是能够认识到客体的本质不依赖于其外部形式或人的感知而变化。比如，把水从又高又细的杯子倒入又矮又粗的杯子，它的量并没有发生变化；一块橡皮泥，捏成长长的一条和圆圆的一粒，它的多少也没有发生变化。这种守恒规则会使人避免产生疑惑感和不安全感。如前文提到的小女孩因为看到姥姥的头发被剪短而哭泣，是因为她还没有建立起客体守恒的概念，不理解姥姥的头发虽然剪短了，但还是原来那个姥姥。当然，小女孩也有特殊的审美标准，对长发有选择性的偏好。

所谓成熟，就是知道必须做不喜欢的事。

第七阶段：自我统一感（大约从 12 岁到整个青年期）

在这一阶段，孩子发展的标志性成果是逐渐拥有长远的生活目标，并把这个目标纳入自我的一部分，把它当成自己的追求。奥尔波特认为，长远目标的确立，远大理想的形成，是人与动物、成人与儿童、健康人与患者之间重要的、标志性的区别。因此，这个阶段对健康人格的形成具有重要意义。这个阶段发展好，孩子就会形成健康、乐观、积极向上的品质，并获得人生的意义感、价值观，否则就会产生迷失感，觉得人生没有奔头、没有意义，甚至产生哈姆雷特王子式的青春期困惑。心理学家爱利克·埃里克森（Erik Erikson）把这种状况称为"自我身份（同一性）危机"。

你现在是谁固然重要，但更重要的是你想成为谁。

第八阶段：作为认识者的自我感（成人期）

在这一阶段，自我既是认识者，也是被认识者，人们会从主观和客观两个角度来分析自我，形成对自我的全面认识。《论语》中说的"三十而立，四十而不惑"等，就是要解决这个阶段的成长任务。这个阶段个体的人格发展得好，可以在很多方面受益。比如建立良好的亲密关系、养育子女、职业成长，由此生活内涵不断翻新。这个阶段也综合了前面七个阶段所有的自我感觉和能力，由此形成了"统我"，也就是奥尔波特所说的人格。这一阶段要避免人生停滞感。

人格就像一本等待你写的书，它的厚度和价值由你定义。

对每个人来说，在成长过程中都要经历以上八个阶段，但每个人又不一样，因为每个人经历的这八个阶段的成长过程和发展结果不一样。每一个阶段的独特雕琢都会因人而异、千差万别，每一个人也因此变得与众不同。表1-1呈现的是这八个成长阶段的主要发展成就和可能出现的问题，供大家参考。

表1-1　人格成长八个阶段概述

阶段及大致年龄	主要发展成就	可能出现的问题
1岁左右：自我躯体感	自我意识，主动意志，探索欲，好奇心	不信任，敌意
2岁左右：自我身份感	自我身份感，同理心，友善	自我中心，霸凌
3岁左右：自尊感	自理，自尊，知好歹，乐观，内疚感，克制，自豪感	悲观，自我怀疑
4岁左右：自我扩张感	拥有感，嫉妒	占有欲，贪念
4～6岁：自我意象感	道德意识，是非感，责任心，条理性	缺乏底线思维
6～9岁：自我理性感	理性，讲道理，求是务实，客体守恒，审美标准	不安全感，疑惑感
12岁～青年期：自我统一感	意义感，价值观	自我身份（同一性）危机
成人期：作为认识者的自我感	亲密关系，养育子女，职业成长，生活翻新	中年期停滞

人生走多少路固然重要，但更重要的在于哪几步路最有价值。每个人的人格都是由这八个阶段的成长经历组成的，每个阶段也都具有独特的意义，都有要完成的任务，不能疏忽。一旦出现问题，就可能影响人格的发展。因此，你会成为什么样的人，活出什么样的人生风格，就看你这八个阶段走了什么样的路。正如发展心理学的观点：不

是因为你是什么样的人才走了什么样的路，而是你走了什么样的路，才成为什么样的人。

人生不是掷骰子，人生也不能直播，不能彩排，更无法回放。

人格特质的类型

奥尔波特认为，特质是人格的基本构造单元，是人内心存在的一种"一般倾向"，它引导或体现了人的心智模式和行为方式，是人的各种行为习惯的整合的反应。从这个意义上说，人格特质是稳定的并且具有动力特征，能够引导个体行为。

需要指出的是，奥尔波特认为决定行为的根本因素就是人格特质，而不是环境因素。比如，他认为"火既可以融化黄油，也可以固化鸡蛋"，在同样的环境条件下，结果可能截然不同。因此，人格特质是决定行为的内因，是根本性因素。

那么，我们要如何描述人格特质呢？

奥尔波特曾经对普通的英文词典进行筛查，发现其中大约有 1.8 万个单词可以用来描述人格特质。这既说明了人类词汇量的丰富，也说明了人格特质的复杂和多样。但如此繁多的词语总是令人感到无所适从。比如，怎样从词典浩瀚的词语中挑出适当的词语来描述一个人的人格特质呢？这个方法很难行得通。因此，必须对这些词语进行

"降维"，将它们高度简化，概括出一些简单的描述策略。

经过研究，奥尔波特提出了自己的解决方案。他发现，虽然描述人格特质的词语很多，但对任何一个具体的人来说，需要用到的词并不多，且大致可以分为三类。

1. 根本特质

根本特质又称枢纽特质或首要特质。这类特质主导着整个人格，渗透于人的一切活动之中，影响着人的一切行为。比如，《水浒传》中的李逵就可以用"鲁莽"一词勾勒出他最主要的行为特点。

2. 核心特质

核心特质具有较高的概括性，是人格的重要组成部分，仅次于根本特质。它是描述人格的基本要素，对应着人的行为活动的一般性、渗透性和普遍性。

奥尔波特发现，描述一个人的核心特质平均需要 7.2 个特质。仍以李逵为例，"忠诚""讲义气""孝顺"等就是他的核心特质。他对大哥宋江忠心耿耿，对梁山上的兄弟讲义气，对自己的母亲十分孝顺。

3. 次要特质

次要特质，顾名思义，不是决定人格的主要特质，所以其对个体的影响较小，但也能在一定程度上反映一个人的习惯、态度和趣味等，并且这些特质一般不会太多，只在一些特殊情况下才会表现出来。比如，李逵说话、做事都很粗鲁，但是情感真切，那么"天真""情绪多变"等就是他的次要特质。

一个人所具备的人格特质重点不在于多少，而在于具体是什么，所以用特质词作为标签来描述人格的方法非常符合大众的朴素经验，很容易理解。但它也有缺点，就是缺乏科学规律，描述的稳定性较差。毕竟有 1.8 万个常用词可以用来描述人格特质，这个词汇量实在太大了，以至于我们无法快速从中挑选出最精准的词，也无法形成一套固定且简便的话术体系用于迅速而简洁地描述一个人的人格，而且不同的人使用的描述词也可以不同。从这个角度来说，奥尔波特对人格特质的描述并不是十分好用。

第四节　气质、性格与人格

有时候，人们也会用气质和性格两个词来描述人，那么二者与人格有什么关系呢？

气质和性格其实都是人的个性心理特征，也是与人格一样古老的概念，只不过它们的侧重点不同，可以将它们理解为人格的不同方面。

气质的特征与分类

我们常说的"这个人很有气质"或"气质不凡"，侧重的往往是个人仪表、仪态或风度。心理学中的"气质"则是指由生理尤其是神经结构和功能决定的心理活动的动力属性，表现为行为的能量和时间方面的特点，如行为的强度、反应的速度、活动的持久性和稳定性等，其生理基础是高级神经活动类型。具体来说：一个人爆发力强，是指在很短的时间内能释放出巨大的能量；一个人文静，是指行为活动的能量水平比较低；一个人迟钝，是指反应太慢，很长时间都没有能量释放出来；一个人很机灵，是指能够在很短的时间内迅速把能量从一种活动转移到另一种活动上；一个人很有耐力，是指能够把行为的能量在很长时间内保持在一个较高的水平上。

由于气质主要与生理特点有关，所以它主要指人格中的生理属性，与进化和本能关系更密切，在人刚出生时就会表现出来，并且具有遗传特性。因此，我们通常会看婴幼儿的气质而不是性格，因为这时他们的性格尚未形成。

气质也可以进行分类，关于气质的分类，最早可以追溯到古希腊医生希波克拉底（Hippocrates）的体液说。他认为，人体内有四种基本的体液，分别为血液、黏液、黄胆汁、黑胆汁。不同的体液对应着不同的气质，人体内哪种体液占据主导，这个人就会呈现哪种气质。

500多年后，罗马医生盖伦（Galenus）对希波克拉底的说法进行了改良，提出了"气质"这一术语，并认为气质可以分为四种类型，即多血质、黏液质、胆汁质和抑郁质。在此，从文学作品中找出了四个大家比较熟悉的文学形象分别对应这四种气质，如表1-2所示。

表1-2 文学人物与气质类型

人物	气质
《三国演义》中的诸葛亮	多血质：主动性强，反应机敏，兴奋与抑郁过程平衡得很好，情绪性高，可塑性高，外向，机智
《西游记》中的唐僧	黏液质：对刺激的反应性较低，不容易激动，很少兴奋，情绪平和，内向
《水浒传》中的李逵	胆汁质：敏感性差，反应冲动性强，行为刻板，耐力差，外向
《红楼梦》中的林黛玉	抑郁质：非常敏感，反应性、主动性低，情绪抑郁，非常内向，多愁善感

现代医学证明，希波克拉底的四种体液说法并不合理，而相比之下，盖伦的气质分类有一定道理，因而沿用至今。不过在现实生活中，单一气质的人并不多，绝大多数人是多种气质互相混合、渗透，兼而有之。

性格的特征

"性格"一词来自希腊文，原意为"雕刻"，后来又转意为"印刻、标记、特性"等，其广义指的是人或事物相互区别的特性。与气质相比，性格一般指的是人在不断成长、受教育和社会文化影响而逐渐形成的习惯化的、稳定的心理特征和行为方式。比如，我们常说的聪慧与愚钝、勇敢与懦弱、轻信与多疑、谦虚与张狂等，都是在描述人们的性格特点。

因此，性格主要是在后天形成的，具有社会性、稳定性和可变性等特征，是生理基础特别是高级神经活动类型特征和生活环境影响的"合金"。

如果将气质、性格和人格归纳一下，就会发现，气质体现的是人格的生物属性，性格体现的是人格的社会属性；气质反映人的神经生理特点，性格反映人的社会价值。气质没有好坏之分，性格则有优劣之别。

气质是生物进化的烙印，而性格是社会教养的结果。

与气质和性格相比，人格是先天生物基础与后天社会教养的"合金"。在日常生活中，相较于"人格"，我们更常使用"性格"这个词，有时也会将"人格"与"性格"混用。

总体来说，人格代表人的独特的风格，它的形成既与遗传因素有关，又与后天的环境和个人经历息息相关，是一个逐渐发展演变的过程，并涉及了在具体情景中有机地生成各种变式。因此，在不同的情景下，人格也会表现出不同的功能特性。与此同时，人格与性格、气质也有着本质的区别。了解这些概念，将有助于我们接下来更加深刻地理解人格在社会生活中的作用和意义。

第二章

经典的人格类型

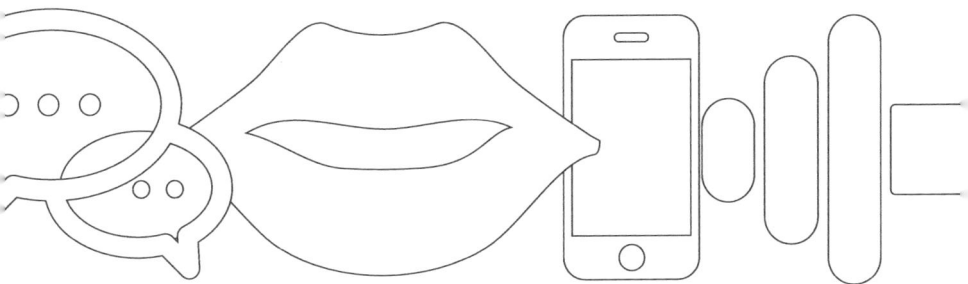

第一节　人格的二维分类：艾森克的四类人格

英国心理学家汉斯·J. 艾森克（Hans J. Eysenck）出生于德国，他的父母在他 2 岁时离异了，他由祖母抚养长大。18 岁时，因为拒绝加入纳粹组织，艾森克无法进入大学读书，只好背井离乡到国外求学。他先到了法国，后来又到了英国，本来想学习物理学和天文学，可是因为基础不够好，需要补一年功课。无奈之下，他选择了心理学。

艾森克最著名的心理学成就之一，就是提出了独特的人格结构理论，认为可以从两个维度来描述人格的特点：一是情绪的稳定与不稳定；二是行为的内倾与外倾。这两个维度形成一个直角坐标系，并分出四个象限，表示人的四种人格类型。

与此同时，艾森克还以实际个体的人格测验数据为基础，采用统计分析的方法，筛选出人格的特质词语，从而绘制了人格的二维四象限平面结构图，并将人们熟知的人格特质词语标定在平面直角坐标系上，让每一种人格类型的特征、不同特质之间的关系一目了然（见图2-1）。有趣的是，后人将艾森克划分的四种人格类型与盖伦的四种气质类型进行对比，发现二者有很多相似之处（见图 2-2）。

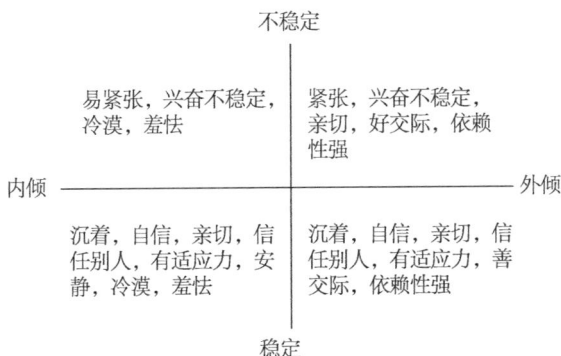

不稳定

易紧张，兴奋不稳定，
冷漠，羞怯

紧张，兴奋不稳定，
亲切，好交际，依赖
性强

内倾 ——————————————————— 外倾

沉着，自信，亲切，信
任别人，有适应力，安
静，冷漠，羞怯

沉着，自信，亲切，信
任别人，有适应力，善
交际，依赖性强

稳定

图 2-1　艾森克人格结构图

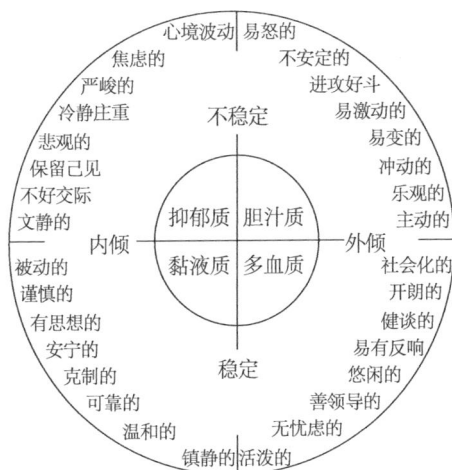

图 2-2　艾森克人格类型与盖伦气质类型对照图

从图 2-2 可以看出，外倾不稳定的人格类型对应的气质类型是胆汁质，如《水浒传》中的李逵；外倾稳定的人格类型对应的是多血质，如《三国演义》中的诸葛亮；内倾稳定的人格类型对应的是黏液质，如《西游记》中的唐僧；而内倾不稳定的人格类型对应的是抑郁质，如《红楼梦》中的林黛玉。

这种二维度、四象限的人格类型描述方法简洁易懂，很符合大众的日常经验和印象，使用便利。在描述人格时，我们无须再从 1.8 万个词语中寻找标签，直接套用这个四象限图就可以了。

在四象限人格类型图中，上下、左右和斜对角所对应的都是相反的人格类型，但有时一个人也不是只有一种人格类型，可能是两种甚至多种类型的混合。在这种情况下，一个人就会既有一些人格特性的优点，也存在一些不足。那么，我们选择一个人的优点，就要接纳他的不足，毕竟"金无足赤，人无完人"！

当然，在有些情况下，一个人性格的优劣是要辩证地去看的，它取决于具体的情景。比如，外倾不稳定的胆汁质的人奔放粗犷，胆气过人，有时可以派上大用场，如派他去威慑对手；内倾不稳定的抑郁质的人做事认真细心，很少出差错，他们也有自己的用武之地，如做一些资料审查工作。

人生就像双面胶，绕不开"爱屋及乌"与"忍痛割爱"。

不过，从 1.8 万个描述特征的词语中精选到只剩四类特质，如果全世界的人都只分为这四类人，显然过于简化了，所以后来心理学家们也尝试扩展更多的人格类型。

第二节　人格的四维度学说：MBTI 的 16 种类型

　　20 世纪 40 年代，美国心理学家凯瑟琳·库克·布里格斯（Katherine Cook Briggs）与女儿伊莎贝尔·布里格斯·迈尔斯（Isabel Briggs Myers）设计了一套人格评估工具——迈尔斯 - 布里格斯类型指标（Myers Briggs Type Indicator，MBTI），它也成为世界上使用广泛的人格测试之一。

　　MBTI 的理论基础可以追溯到 20 世纪 20 年代著名的瑞士精神病学家卡尔·荣格（Carl Jung）对心理类型的划分。荣格认为人格可以分为外倾和内倾两种类型，并指出人们并非纯内倾和纯外倾的，当一种类型占据优势时，另一种则处于劣势。他还提出了心理的四种功能，并将其分别与两种人格类型组合，构成了八种性格类型：外倾思维型、内倾思维型、外倾情感型、内倾情感型、外倾感觉型、内倾感觉型、外倾直觉型、内倾直觉型。

　　在荣格理论的基础上，凯瑟琳与伊莎贝尔将其发展为人格的四个维度，包括外向 / 内向（E/I）、感觉 / 直觉（S/N）、思维 / 情感（T/F）、判断 / 知觉（J/P），并且将每个人格维度分为两类，这样四个维度组合起来就可以分出 2^4，共 16 种人格类型。在 MBTI 中，每个维度都有两个彼此对立的极端，这样就共有八种个性偏好。

第一个维度：外向与内向

这个维度是用能量投入的方式界定人如何与世界交互作用，人的心理能量投入是向内还是向外。比如，外向型的人（Extraverted，E）代表着积极介入与环境的交互作用，会将能量外投，较为关注外部世界；内向型的人（Introverted，I）则刚好相反，喜欢与自己的内心世界打交道，能量内投，较为关注内心情感、思想。相对来说，外向的人更富有热情，内向的人则更加安静。

第二个维度：感觉与直觉

这个维度是用信息采集的方式来描述人在自然状态下留意和接受信息的方式和内容。通常感觉型的人（Sensing，S）会客观地关注外部信息，而直觉型的人（iNtuition，N）则更关注自己内在的感觉；感觉型的人讲究实事求是，直觉型的人则习惯跟着感觉走。

第三个维度：思维与情感

这个维度是用信息加工、决策的方式描述人们如何做决定。思维型的人（Thinking，T）比较注重基于理性的思考做出逻辑判断，一以贯之、一视同仁地贯彻规章制度；情感型的人（Feeling，F）则更注重基于情感和关系来做决定，变通地贯彻规章制度，人情味较浓。

第四个维度：判断与知觉

这个维度是用行为处事方式来描述信息的导出方向。判断型的人（Judging，J）注重向外导出信息，如做出结构化的判断和决策；而知觉型的人（Perceiving，P）注重向内导入信息，如自由地接纳外部信息。判断型的人更注重自己的观点和支配作用，知觉型的人则更喜欢适应新情况，乐于理解和接纳。

以上四个维度组合出了 16 种人格类型，每种类型都由一组字母代表，比四种类型多出了很多，因而也能更好地解读人格的多样性。

凯瑟琳和伊莎贝尔还设计了一套人格测量问卷，测量了大量人群，发现人格确实可以被划分为 16 种类型，每种类型在人群中都占有一定的比例。也就是说，她们在理论上构造出的这 16 种人格类型，在现实生活中的确可以找到对应的真实个体。这也证明她们的理论具有较好的适用性。

表 2-1 为四个维度组合起来的 16 种人格类型对照表。

表 2-1　MBTI 人格四维度组合对照表

类型		感觉（S）		直觉（N）	
		思维（T）	情感（F）	情感（F）	思维（T）
内向（I）	判断（J）	10: ISTJ	12: ISFJ	2: INFJ	6: INTJ
	知觉（P）	14: ISTP	16: ISFP	4: INFP	8: INTP
外向（E）	知觉（P）	13: ESTP	15: ESFP	3: ENFP	7: ENTP
	判断（J）	9: ESTJ	11: ESFJ	1: ENFJ	5: ENTJ

从表 2-1 可以看出，有关人格类型的判断方法并不复杂。对任何一个人，我们都可以运用以上四个维度进行判别，然后把四个判别结果连在一起，就可以得出这个人的人格类型。

举个例子，假设有一类人：第一，他们非常外向（E）；第二，他们比较注重对客观事物的感觉信息（S），强调客观性，而不是主观感觉；第三，他们善于思考（T），习惯按逻辑行事，讲道理，而不是感情用事；第四，他们善于进行独立判断（J），有自己的主见，不轻易相信他人的说法，并表现出很强的支配欲望和指挥能力。将这几个判别结果组合起来，就是外向 - 感觉 - 思维 - 判断型，标记为 ESTJ 型。

比如，《红楼梦》中的贾探春就是 ESTJ 型的人：她热情、开朗；面对事物有条理、重事实，家里的大事小事都搞得很清楚；遇到麻烦能理性思考，不徇私情，连自己的亲生母亲也不袒护；能主事，在王熙凤生病期间掌管大观园，展示出了很好的领导才能。

有统计数据表明，ESTJ 型的人的确比较多地出现在企业家、经理人群体中。与此同时，具有其他人格类型的人也有更加适合自己的工作，有研究曾尝试将这16种人格类型与各种职业或岗位进行了匹配。在这里，建议大家按照四个维度来成对分析，看看自己都适合做哪种工作。

·外向型的人适合做与人打交道的工作，内向型的人则适合做一些与观念、数字、符号等打交道的工作。

·感觉型的人适合做侧重客观事实的工作，如财会；直觉型的人则习惯跟着自己的经验走，适合做创意、开发类工作。

·思维型的人讲理性、讲逻辑，适合从事分析类工作，如决策研究；情感型的人注重亲情关系，适合做公关、教育类工作。

·知觉型的人是好听众，善于听取别人的意见，适合做社工、服务、调研类工作；而判断型的人有主见，支配欲望强，适合做指挥管理类工作。

以上MBTI四维度理论给了所有人一个安慰：不管你属于哪种人格类型或偏好哪种人格，在这个世界上都有自己的一席之地和用武之地，因此不要纠结或妒忌，活好自己就可以了。

人生不分段位，都可以是王者。

第三节　卡特尔的 16 种人格因素

　　虽然 16 种人格类型已经很多了，但仍然不足以描述人格的丰富性。美国心理学家雷蒙德·卡特尔受化学元素周期表的启发，运用因素分析的方法从大量测试条目中抽取出了 16 种人格因素，并将每种因素分为高低两极，用 1 ～ 10 来评定因素的强度。16 个维度组合在一起，就有 10^{16} 种类型，这个天文数字足以涵盖各种性格。卡特尔认为，每个人身上都可以发现这 16 个维度，只是不同的人在这 16 个维度上有不同程度的表现，进而构成了个体独特的人格。

　　卡特尔当年的理想之一，就是用 16 种因素剖面图描绘出适合每种职业的独特人格曲线（见图 2-3）。但实践证明，人格维度并不是越多越好，维度太多就会降低可操作性，也不利于理解和掌握。由此可见，凡事都要有度，物极必反。

　　人类知识是在不断地更新、迭代中进化的。科学的美丽往往来自自我否定的残酷。

低 分 者 特 征	标　准　分 1 2 3 4 5 6 7 8 9 10	高 分 者 特 征
1　缄默、孤独	- - - - - - - - * -	乐群、外向
2　迟钝、学识浅薄	- * - - - - - - - -	智慧、富有才识
3　情绪激动	* - - - - - - - - -	情绪稳定
4　谦虚、顺从	- - - - - - - - * -	好强、固执
5　严肃、谨慎	- - - - - - * - - -	轻松、兴奋
6　权宜、敷衍	- - - - * - - - - -	有恒、负责
7　畏缩、退怯	- - - - - - - - * -	冒险、敢为
8　理智、着重实际	- - - - - - * - - -	敏感、感情用事
9　信赖、随和	- - - - - * - - - -	怀疑、刚愎
10　现实、合乎成规	- - - - - * - - - -	幻想、狂放不羁
11　坦白直率、天真	* - - - - - - - - -	精明能干、世故
12　安详沉着、自信	- - * - - - - - - -	忧虑抑郁、烦恼
13　保守、服膺传统	- - - - * - - - - -	自由、批评激进
14　依赖、随群附众	- - - - * - - - - -	自主、当机立断
15　矛盾冲突、不明大体	* - - - - - - - - -	知彼知己、自律严谨
16　心气平和	- - - - - * - - - -	紧张、困扰

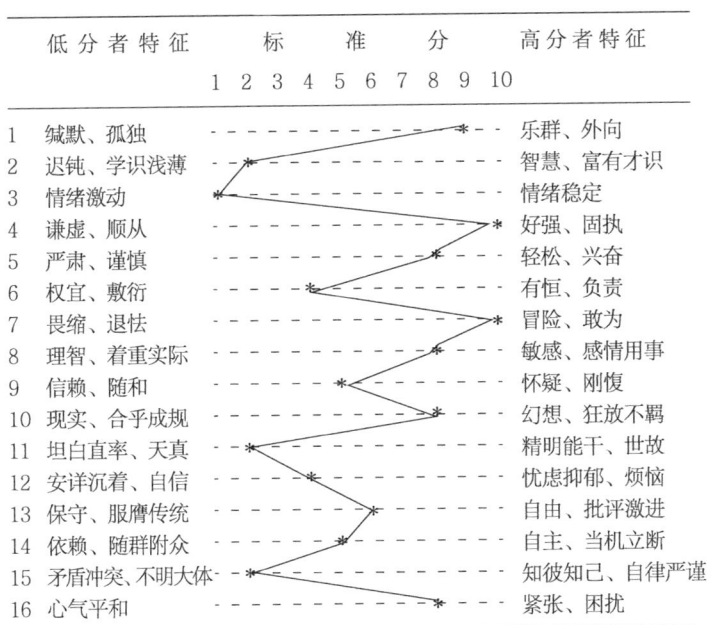

图 2-3　16 种人格因素剖面图

以上为三种经典的人格结构理论，涉及不同的维度、类型、因素。各种人格结构各有利弊，也都可能有发挥的空间。但是将一种人格特质发展到极端，往往不一定是最好的选择，正如荣格所说："一个人感觉合适的鞋，却会夹痛另一个人的脚。"这提醒我们，在成长过程中要学会接纳自己，并共情他人。同时，了解以上不同人格类型的特点，将有助于我们更好地沟通、交往、相处、与他人共事。

第三章

大五人格

第一节　人格的五大特质维度

大五人格理论认为有五个特质维度，我对每一个维度的定义、主要特征、典型人物以及适合的工作都进行了阐述，以便大家可以更好地理解和掌握"大五"人格理论。

大五人格的五个特质维度分别为开放性（openness）、尽责性（conscientiousness）、外倾性（extraversion）、宜人性（agreeableness）和神经质或情绪稳定性（neuroticism or emotional stability）。这五个维度几乎涵盖了人的所有性格特质，因而也被心理学家广泛接受，广泛地应用于性格分析。

接下来，让我们分别了解一下大五人格的这五个特质维度。

开放性

开放性的特质反映了人的认知风格，主要是指富于想象或务实，寻求变化或遵守惯例，自主或顺从。

开放性尤其体现在一个人对新事物、新观念、新想法的敏感性和接纳性上，主要表现为有想象力、审美能力强、寻求变化、乐于创新、主动展示智慧、不僵化刻板、对外界保持好奇和接纳、不拘泥于传统与陈规、喜欢接受新的思想，也善于不断更新自我，更容易进步。

开放性高的典型人物是《三国演义》中的诸葛亮，他能掐会算，总能想到常人所不能想、所不敢想的方略，也总能出新招、大招。他曾布下大局，试图说服东吴联合抗曹，在当时刘备、东吴力量悬殊的情况下，他的这个想法可谓痴人说梦，不可思议。然而，他却胸有成竹，只身前往东吴。在他看来一切皆有可能，最终他也成功说服东吴与刘备组成联盟，共同抵御曹军。他还靠草船借箭、借东风等神来之笔，赢下赤壁之战，把不可能变为可能。他还善于打破常理，不落俗套，说服刘备在巴山蜀水建立自己的地盘，形成了三国鼎立的天下格局。可以说，诸葛亮天马行空的创举，在历史上几乎无人能比。

人生要能有积分，先要打通开放性。开放性是人生的"摇钱树"。

开放性高的人，愿意追求新鲜经验，也愿意探索新想法，乐于运用想象力和洞察力去畅想未来，而不是循规蹈矩地沿袭过去的活法。在工作和职业选择方面，他们比较适合研发、市场调研与策划、创意设计、多方面协调统合的工作，以及一些需要频繁变更环境的工作。企业管理者，尤其是变革情境中的管理者，也需要具备相当的开放性。

一般来说，开放性越高的人，往往进步越快，当然也会面临更多的不确定性风险。但是整体而言，开放性还是有利于个人发展的。

尽责性

尽责性的特质反映了人的处事动力风格，主要是指有序或无序，谨慎细心或粗心大意，自律或意志薄弱。这种人格特质的典型表现是有担当、处事公正、有条理性、尽职尽责，寻求成就、自律自控、细心谨慎、克制等。

尽责性特质的典型人物是《西游记》中的孙悟空。孙悟空非常专注于自己的任务，不管遇到什么困难都坚守职责，努力排除艰难险阻，护送唐僧西去取经。当然，在西行途中，孙悟空与唐僧之间发生过三次信任危机。第一次是在第十四回，孙悟空打死了六个毛贼，遭到唐僧训诫，他一气之下出走了，但后来回心转意，还被唐僧戴上了紧箍咒。第二次是在第二十七回，孙悟空三打白骨精，被唐僧误以为滥杀无辜，还念紧箍咒惩戒他，让他痛不欲生，但他仍然想着师父的安危，坚持履行保护师父的使命。第三次是在第五十六回，孙悟空打死了一群强盗，唐僧不依不饶要将他赶走，后来六耳猕猴出来搞事情，最终孙悟空请如来佛祖出手搞定。虽然孙悟空经常因为除妖降魔而不受唐僧待见，但他不忘初心，保持定力，坚守使命。可以说，他的尽责性是非常高的。

尽责性是人生的"定海神针"。

尽责性高的人，一旦认定自己的目标，就会恪守承诺，自觉执行，愿意坚持，不断付出，勇于担当。所以，他们做事往往很靠谱，值得信赖。尽责性也是所有职业和工作岗位都需要的品格，尽责性高的人不仅适合从事管理型、事务型、财务型等与人打交道的工作，还适合搞科学研究、技术开发、调研策划、设计等对某一事务深度钻研的工作。

外倾性

外倾性特质反映了人的能量投向风格，能量外投是外倾，能量内投是内倾，主要是指好交际或不好交际，喜欢娱乐或严肃，感情丰富外露或矜持含蓄。它的典型表现是热情洋溢、喜好社交、沟通主动、处事果断、活跃好动、乐于冒险、乐观、积极开拓等。一般来说，职业经理人被认为需要适度的外倾，至少不能过度内倾。

外倾性特质的典型人物是《红楼梦》中的王熙凤。第一，她能说会道。由于从小被当成男孩养大，所以王熙凤是个"女汉子"，想怎么说就怎么说，在各种场合里都特别爱说、能说，伶牙俐齿，"十个会说的男人也说她不过"。第二，她的能量大。她的第一次出场是在林黛玉初到贾府与大家见面时，还没见到王熙凤的人，就已经听到她高声爽朗的笑声。林黛玉还很纳闷，别人都很矜持严肃，唯独这个人的笑声惊天动地，这与府里大家闺秀的标准简直格格不入。这也是外倾性人格的一大特点：说起话来，声场特别大。第三，她的支配欲强，似乎大家都得听她的，都得围着她转，她一出场就成了焦点。林黛玉初到贾府这一场，所有出场的人说的话加起来，也抵不过王熙凤一个人说的话多。她一现身，立刻就占据了主场，她就是中心。

嘴不只是用来说话的，也是表达人格的播放器。

外倾性高的人，往往会在人际沟通中占据主导和控制地位，不仅特别健谈，还会表现出充沛的精力和活力。因此，他们适合从事主动与外界打交道的工作，如某些开拓型的销售工作、商业推展、媒体宣传、社交组织和主持等工作。

宜人性

宜人性的特质反映了人的人际交往风格，主要是指热心或无情，信赖或怀疑，乐于助人或不合作。它的典型表现是坦诚、合作利他、谦虚友善、有同情心、善于倾听、易于与人共鸣、对他人有耐心、乐于依从他人、善于接纳他人等。管理者通常需要相当程度的宜人性，但不宜过高。一般来说，管理层级越低，宜人性要求越高。

宜人性特质的典型人物是《水浒传》中的宋江。别人遭遇贫苦，他出来接济；别人遇到急事，他出来周旋；别人遇到困难，他出来救助。因此，宋江也被称为"及时雨"。他还会点儿武艺，爱结交江湖朋友，凡是来投奔他的，不论高低贵贱，他都一概热情款待，管吃管住，厚礼相赠。他就是个县里的小官吏，却精通官场规则，百姓遇到困难，他也愿意主动帮忙疏通排解；邻里遇到难事，他也解囊相助。钱财在他眼里从来不是事儿，为人排忧解难才是他最看重的，他甚至放走了朝廷要犯晁盖。可见，在他心中人情最重要，这也为他赢得了"及时雨四方称颂，呼保义八方扬名"的美誉，同时为他日后成为梁山泊的领袖人物奠定了良好的人际关系基础。

人生不是孤军奋战，凝聚人气才能摆平四方。

宜人性高的人，在人际交往中通常会表现出一贯的较高的利他态度和行为倾向，亲和动机很高，对人宽容，乐善好施，因此人缘很好。他们适合从事一些与人打交道的工作，如销售（特别是需要耐心细致的倾听的销售）、医护、教育、社区服务、人事行政管理等工作。

神经质或情绪稳定性

情绪稳定性的反向为神经质，这个特质反映了人的情绪风格，主要是指爱热闹或喜平静，有不安全感或有安全感，自怜或自我满意。情绪稳定性低的典型表现是易焦虑、易激惹、压抑、爱冲动、脆弱等，无法很好地控制自己的消极情绪体验，因而表现为神经质，喜怒无常。相反，情绪稳定性高的人往往能够处事不惊，冷静镇定，可以从容面对困境。

神经质特质的典型人物是《三国演义》中的曹操。他喜怒无常，经常大喜或狂怒。高兴时，他谁都可以放过。比如，他明知刘备有异心，还是让他在豫州做个小官；他明知关羽不是真心归顺自己，却不忍心杀掉关羽。可是，他不高兴的时候，又会不问青红皂白地大开杀戒。比如，他在落难时，因为多疑而误杀了盛情款待他的吕氏一家。他害怕遭人暗算，就告诉侍从，在他睡觉时不许靠近，否则立斩，为此还杀了男童和杨修。他请神医华佗给自己治病，却不接受开颅手术，还在盛怒之下杀了华佗。曹操的格言就是："宁教我负天下人，休教天下人负我。"这句话其实就是曹操神经质人格的遮羞布。他明知自己误杀了很多好人，却仍旧不知悔改。这种人格特质也会让人的生活遭受更多波折。

人生没有后悔药，可以多姿多彩，但也要避免挂彩。

相反，情绪稳定性高的人，对人对事都很看得开，可以轻松自如地面对生活，即使遇到困难也能泰然处之。他们的整体情绪风格更偏向积极愉快，同时又悠然淡定，不会大起大落。

情绪稳定性高是许多职业所要求的品质，具备这种人格品质的人在工作中往往绩效高且稳定，所以，他们更适合从事诸如管理、公共关系、服务、行政人事、外交等工作。尤其是管理工作，更需要相当程度的积极情绪和情绪控制力。

第二节　人格的海洋

大五人格特质以最简洁的结构展示了宏大的人格画卷。如果我们把大五人格特质按照上文中的顺序进行排列，它们的英文首字母连在一起就是"OCEAN"，这在英文中是"海洋"的意思。为此，心理学家比喻说，大五人格的五个维度构成了人格的海洋，它们可以解释包罗万象的人格特质，解释人们的各种行为。

了解了大五人格，我们就不用再担心找不到合适的词语来描述人格特质了。用这五个维度特质的高低水平的不同组合，可以描述各种各样的人格，从而解决了此前各种人格理论解决不了的问题，不仅便捷、好用，还能相对精准地描述人格。

与以往的人格理论不同的是，大五人格特质是由很多心理学家在不同国家、针对不同样本人群、采用不同方法展开研究而得出的结论，因此可靠性高、严谨性强、适用性广。后来，心理学家考斯塔和马克雷（Costa & McCrae，1995）又进一步完善了大五人格的描述精确度，并编制出人格测量工具，流行全球。

在 21 世纪初，我参加了一个大型跨国研究团队，对 60 多个国家和地区的人群进行了大规模观测，结果表明，无论什么国家、文化、种族、肤色、宗教信仰，人们的人格的确可以概括为以上五大特质维度。这说明，人格是人类长期适应生存进化而来 l 得来的结果，具有共同的心智模式和行为方式的结构特征。这些跨国研究成果发表在著名的《科学》(*Science*)和《人格与社会心理学》(*Journal of Personality and Social Psychology*)等期刊上。迄今为止，大五人格也是全世界研究最深入、求证最全面、应用最广泛的人格理论和测量方法，在权威数据库中可以检索到数以万计的相关研究。

大五人格的五个特质维度都是相对稳定的，因而也可以描述个体在不同时间和场景里稳定地表现出来的行为特征。比如，外向的人在各类社交场合都会较为主动地与别人交流；宜人性很强的人，无论面对什么身份、什么地位的人，都乐于接受其意见，与其和谐相处。这提示，人格特质一旦形成，就不容易改变，所以对人格特质的培养不可马虎。

人生不能打包，阳光不能外卖，自己的一生要亲自认真打理。

下面是一个大五人格简易测量法（见表 3-1），你可以用 10 分制对自己的人格特质进行一个大致的评定。请用 10 分制对应每一种特质给自己打分。

表 3-1　大五人格特质简易自测表

序号	特质	分值
1	有想象力	①②③④⑤⑥⑦⑧⑨⑩
2	思维开阔	①②③④⑤⑥⑦⑧⑨⑩
3	有条理性	①②③④⑤⑥⑦⑧⑨⑩
4	认真严谨	①②③④⑤⑥⑦⑧⑨⑩
5	精力充沛	①②③④⑤⑥⑦⑧⑨⑩
6	交友聊天	①②③④⑤⑥⑦⑧⑨⑩
7	和蔼友善	①②③④⑤⑥⑦⑧⑨⑩
8	有同情心	①②③④⑤⑥⑦⑧⑨⑩
9	轻松愉悦	①②③④⑤⑥⑦⑧⑨⑩
10	不易动怒	①②③④⑤⑥⑦⑧⑨⑩

计分方法：

开放性：1、2 题得分之和

尽责性：3、4 题得分之和

外倾性：5、6 题得分之和

宜人性：7、8 题得分之和

神经质或情绪稳定性：9、10 题得分之和

得分解释：

大致来说，每个特质得分在 6 分以下，表示这种人格特质程度很低；在 7 ~ 14 分之间，表示中等程度；15 分以上，表示程度很高。

注意：这是一个简易的测评，仅供粗略参考。

第三节　用大五人格助力职业发展

英格兰有个巨石阵，那是一个令人震撼的名胜古迹。一位牛津大学的考古学家曾告诉我，这个石阵有4 000多年的历史了，比埃及金字塔还早。我当时十分惊讶，他看到我的眼神，忙解释道："我们的4 000年历史无法与你们5 000年中华文明史相比，你们有文字，我们那时没有文字。所以直到今天，为什么建造以及如何建造这个巨石阵，仍然是个谜。"

建造巨石阵是一项极其艰巨的工程，它需要建造者发挥所有参与者的人格优势和潜能才可能完成，因此，它也展现了人类的智慧和人性的光辉，具有极高的人文价值。

首先，设计这样一个巨石阵需要很大的开放性。设计者要天马行空地创意，充满奇思妙想，有把不可能变为可能的胆魄。比如，周围没有这种巨型石材，怎么从远处运来和吊装这些巨型石材？现在看来，这些简直不像人力可为。

其次，巨石阵的施工过程要求具有极高的尽责性。要建造一座能屹立千年不倒的建筑，必须精益求精，一丝不苟，否则就实现不了设计的理念和要求，导致功亏一篑。

再次，整个建造过程要求所有参与者同心协力、精诚合作、克服各种困难、忍受无数次失败的折磨和痛苦，这就又需要所有人都具有良好的情绪稳定性。

最后，要完成这样一项大工程，什么样的人能够胜任呢？这就需要招聘者做好人岗匹配，做到知人善任，把最恰当的人放在最恰当的工作岗位上。这背后的心理逻辑就是：不同的工作对人的人格特点是有特殊要求的。人格决定了人在工作岗位中会如何思考、如何处事、如何与人交往、如何与人沟通等，这些都是工作胜任（力）要素的重要内涵。所有这一切只有相互匹配，才能产生最佳绩效。

回到现实生活中，作为一个求职者，我们在填写履历前，也可以利用大五人格特质维度自行评定自己各方面的表现，更好地规划自己的职业选择和职业发展。

表3-2为大五人格特质与工作行为的关系图谱，可用于预测具备不同人格特质的人在工作中的表现。

表3-2　大五人格特质与工作行为的关系图谱

人格特质 工作行为	开放性	尽责性	外倾性	宜人性	情绪稳定性
绩效表现	＋	＋	±	±	＋
组织公民行为	＋	＋	＋	＋	＋
反生产行为		－	－	－	－
合作		＋	＋	＋	＋
工作满意度	＋	＋	＋	＋	＋
创新行为	＋	±	＋		＋
心理健康		＋	＋	＋	＋
离职行为	＋	－		－	

注："＋"表示有利；"－"表示不利；"±"表示各有利弊，视情况而定。

接下来，我们再用大五人格理论分析一下不同的人格特质分别适合从事哪些工作。

开放性人格与独创性

开放性人格在职场中最突出的表现和价值就是创造性。开放性个体对工作通常会有一种"打破砂锅问到底"的劲头，喜欢探索，乐于学习，求知欲强。不仅如此，他们还擅长在工作中代入自己的想法，头脑机敏，思维发散性强，有着很强的观念延展性，尤其善于在不同事物之间建立联系，做到举一反三，触类旁通。他们还不拘泥于现状、不落俗套，能够充分地展开想象，让思维充满多样性，想象和总结出各种可能性。这种人格特质可以为个体在工作中表现出很好的创造力奠定性格基础。

有学者（Puryear et al.）发现，在大五人格特质中，开放性是和创造力关系最密切、最稳定的因素，能够显著地预测创新行为。此外，还有学者（Marsh et al.）发现，开放性的人在语言表达能力、解决问题能力、智力、艺术感等方面也比较突出。研究表明（MaCrae & John，1992），开放性高的人还具有较高的艺术鉴赏力和审美感，能够在艺术作品中获得灵感，拓展自己的思维。

值得一提的是，开放性也是评定一个经营管理人员的关键要素，特别是企业的首席执行官（Chief Executive Officer，CEO）。因为他们是驾船掌舵的人，需要为企业运营找到新的思路、方向、目标和策略。研究表明，开放性高的 CEO 更容易接受新的想法和见解，表现出更强的独创性和想象力，也善于抓住机遇，在决策中不依赖传统和权威，为企业带来源源不断的创新驱动力。

此外，开放性高的管理者也善于获取广泛的信息和资源，赢得外部的支持，对失败具有更高的容忍度，同时善于捕捉市场痛点，敢于尝试，从而能迅速做出反应，不会错失良机。

人生不设限，一切皆可能；打开心智，为人生开疆拓土。

尽责性人格与敬业精神

美国明尼苏达大学的心理学家们曾分析了 100 多年来关于工作尽责性的研究，比较了尽责性与 175 个职业变量的关系。他们的研究表明，尽责性最适合用来预测一个人的生活与工作成就。尽责性高的人，纪律性强、原则性强、目标导向动机强，做事专注而执着，对工作更加投入，工作也更有条理，做事靠谱，更少出现反生产性行为。该研究成果于 2019 年发表在《美国国家科学院院刊》（*Proceedings of the National Academy of Sciences of the United States of America*）上。

其实，所有岗位都要求一定的尽责性。第一，尽责性高的人具有敬业精神，能够耐得住性子，沉下心专注于工作，对工作肯钻研，"干一行，爱一行；择一行，终一生"。他们将这种精神贯彻于工作中，常常取得良好的工作绩效。

第二，尽责性高的人非常认真、自律、仔细，严格遵守工作流程和方法，对工作一丝不苟，能够保证工作质量。

第三，尽责性高的人做任何工作都会努力做到精益求精，尽善尽美。相对于其他人，他们的绩效也更突出。

第四，尽责性高的人能够坚持不懈、始终如一地专注于自己的工作，执着于干好本行，因而也更容易成为业内的佼佼者。他们属于那种"有志者立长志"的人，对事业不会三心二意，工作起来也很少受到外因的干扰，能够按照既定计划踏实地做事。他们是高效率的人，不会寻找借口故意拖延。

第五，尽责性可以促进组织公民行为。所谓组织公民行为，是指员工自觉做出的对组织有利但与自身岗位职责无关，却不图任何回报的行为，是一种奉献行为。尽责性高的人眼里有活，只要对组织有利，只要他们能做到，即使是分外之事，他们也会自觉自愿地去做。这就意味着，他们在岗位内外都是好员工，因而也会得到更多的表扬和更多优先升职的机会。

第六，尽责性有助于团队合作。尽责性高的人会以合作的方式应对冲突，争取达到双赢。他们也会努力寻找合适的方法来解决矛盾，成功地完成工作任务。

第七，尽责性高的人往往也是工作满意度较高的员工，他们总能在工作中干出好成绩，得到各种物质和精神方面的奖励，以及正式的和非正式的奖励，由此也让他们对自己的满意度更高。

如果知识和能力是你攀登事业巅峰的双脚，那么自律和专注则为你插上双翼。

外倾性人格与交际类工作

外倾性人格特质主要与心理能量的投入方向有关。凡是需要消耗大量心理能量的工作，都更青睐外倾性高的人。

第一，有研究表明，外倾性人格特质与许多工作的绩效有关，包括行政经理、警察、工程师、律师、会计师、教师、医生、生产工人、护士、医疗助理、勤务等。相关研究成果发表在 2016 年的《质量与数量》（*Quality and Quantity*）上。

这一研究成果与我们平时认知稍有差异，因为一提到外倾性性格，大家很容易想到那些能说会道的销售人员。但是，外倾性与销售工作的绩效并不是简单的线性关系。有研究深入探讨了这个问题，结果发现，对于一般消费品的销售，外倾性人格是有利于提升绩效的。但是，对于一些大件商品的销售，如住房、中高档汽车、大型工业设备等，过于外倾的人的销售业绩并不理想。因为这类商品的消费者都很慎重，通常需要经过深度思考后才会做出决定，而过于外倾的人会由于以下原因而无法打动消费者：一是他们太爱表达，在交谈中往往占据支配地位；二是他们不是好听众，在人际关系方面不够敏感，不能关注到消费者的关键诉求；三是他们缺乏耐心，在销售过程中遇到困难更容易放弃。

因此，对于大件商品的销售，不过于外向甚至略内向的人，往往能获得更好的业绩。

第二，外倾性高的人会表现出更多的组织公民行为，他们热情、爱参与，社交需求比较高，会主动找事做，也爱打听事、爱关心人。比如，婚姻中介人员一般都是外倾性比较高的人。同样，在企业中，这类人比较容易激发他人的积极性和热情，从而更好地完成任务。

第三，一般来说，外倾性高的人很少出现反生产行为，而外倾性低的人则会出现针对组织的反生产行为，如破坏设备、盗窃雇主的物品、迟到、缺勤等。

第四，外倾性高的人更加自信、渴望成就，因此会释放出一定的创造力，在工作中表现出更多的创新行为。这也是他们主动性和参与性比较高的体现。

第五，研究发现，外倾性高的人心理健康水平比较高，因为他们的能量外投，心思比较透明，情绪外化，能够及时宣泄情绪，自然心情舒爽。

开朗是疏解郁闷心情的自产良药，有拨云见日的功效。

宜人性人格与亲和力和同理心

人们通常会将宜人性与外倾性混为一谈，其实它们有着明显的区别。首先，宜人性高的人，关注点侧重于人际关系，因此他们在重视人际关系的服务行业有着更高的工作绩效；而宜人性低的人，容易在人际关系方面出现一些问题，比如出现针对他人的反生产行为，包括不愿意合作、制造矛盾、挑起冲突等。

其次，宜人性高的人比较达观，和谐处事，待人接物都讨人喜欢，容易被人接纳，所以拥有更多的满足感，心理健康水平也更高。

不过，在创造力方面，研究人员并没有发现宜人性高的人有很好的表现。由于宜人性高的人更侧重于维系情感关系，保持和谐，避免冲突，因而往往不会挑战别人的观点或过于坚持自己的主张，也不愿意表达创新的想法，也就很难释放创造力了。

神经质或情绪稳定性人格与做事沉稳

2018 年，有研究者（Mortaza Zare et al.）在综合分析了多项研究后发现，情绪稳定性高的员工更倾向于积极地对组织提出合理化建议，神经质的员工则很少有这种积极行为，原因是他们缺乏安全感和自信，容易焦虑，更容易受到压力的影响，所以会做出更多的回避行为。

心理学家还发现，神经质高的员工很少从事创造性活动，这可能是因为他们更倾向于经历羞涩、愤怒、焦虑和抑郁，并以消极的方式来解释自己的遭遇。由此，他们会尽量避免不确定的结果，甚至认为从事这种有风险的创造性活动会对自己的地位和制度造成威胁。

此外，神经质高的员工，其工作满意度越低，自尊心水平越低，幸福感也越低。换句话说，神经质高的员工会在工作中体验到很多负面的情感和评价或低自尊。

2021 年，心理学家（Ethan Zell）做了一项大型的综合分析，整合了 2028 个独立研究，涉及 55 万名员工。结果发现，总体来说，情绪稳定性越高的人，工作绩效往往也越好。例如，选拔飞行员要求很高的情绪稳定性，体育比赛也要求运动员不能被情绪冲昏头脑。

通过 73 个独立研究的分析，研究人员发现，在企业管理中，领导者的情绪稳定性越高，领导效率也越好；相反，情绪稳定性越低（神经质水平越高），领导效率就越差。

把自己淘汰出局的，往往不是职场，而是自己的神经质情绪。

实际上，大五人格特质在每个人身上都是组合出现的，每一种职业也都对从业者有着多方面的要求。心理学家通过大量研究，针对不同人格特质组合给出了详细的就业指导，具体如下。

尽责性、开放性高的人，在研发、创意工作中更可能卓有成效。

外倾性、开放性高的人，在适应新环境、拓展新局面的工作中更可能取得突出成果。

内倾性、开放性高的人，在文艺创作类工作中可能有意想不到的成就。

尽责性、开放性、外倾性高的人，在开放、开拓的环境中更可能取得成功。

尽责性、情绪稳定性高的人，更乐于接受挑战性工作，在忍辱负重的环境中取得成功。

尽责性、宜人性、情绪稳定性高（特别是积极乐观）的人，在服务、社交、行政类岗位中更可能取得成功。

尽责性、内倾性高的人，更适合财务、保密、文案类工作。

我们除了要了解自己的人格特质的优势，也要了解自己的人格特质的劣势，避免做出不利于职业发展的行为，比如：

开放性过高的人，更容易无视规则，跳槽会比较随意。

尽责性过高的人，爱较真、钻牛角尖，会引发焦虑，损害身心健康。

外倾性过高的人，支配欲也过高，缺乏耐心，不是好听众。

宜人性过高的人，可能会拿原则做交易。

情绪稳定性过高的人，可能没什么脾气，有时会缺乏激情。

总之，每一种人格特质都不是简单的非黑即白，我们要在具体的场景下看待其优劣。人格特质的复杂性也揭示了人生和职场的复杂性，很多时候，真理向外多踏出一步，就可能会变成谬误。但是，人生比的不是长短，而是品位、格调和价值，这就有赖于我们做好自己的人格设计，在人生之路上尽情地发挥优势，避免劣势。

设计人格是人生最复杂的功课，它的成绩没有上限。

第四章

内控型人格

第一节　控制源取向

我们先来看一个关于贝多芬的故事。

贝多芬出生在德国的一个平民家庭，自幼酷爱音乐，才华早现，宛如乐坛上的一颗新星，然而命运并没有垂青于他。

年轻的贝多芬爱上了一个伯爵的女儿，但伯爵嫌弃贝多芬的出身，将女儿嫁给了一个贵族青年。这件事给贝多芬造成了巨大的精神打击，但也激发了贝多芬的创作动力，据说他的名曲《致爱丽丝》就是这时创作的，作品中没有丝毫痛苦和怨恨，而是满满的浪漫之爱。

祸不单行，贝多芬后来又丧失了听觉，这对一个风华正茂的音乐家来说，无异于被宣判"死刑"。但贝多芬没有屈服于多舛的命运，而是选择用音乐拯救自己。他在作曲时，常把一根木棍咬在嘴里，另一端抵住钢琴，借此感受钢琴的震动。他的《命运交响曲》就是在这种背景下创作出来的。这首乐曲凝聚了大无畏的英雄主义气概和浪漫主义情怀，既有同命运的较量，也有对生命的无限向往与热爱。他在音乐中塑造了一个命运的征服者，一个顽强不屈、不惧挫折的英雄形象，那就是他自己。

贝多芬顽强地与命运抗争，还为世人留下了千古传颂的名言："我要扼住命运的喉咙，它决不能使我屈服！"他也用自己一生的奋斗证明，他成功了！这也是对他人格中信念的光辉写照：遭遇厄运或不幸时，不向命运屈服，选择自己的活法。这种生活认知与行为方式就沉淀为一种内控型人格特质。

美国著名心理学家、20世纪最有影响力的100位心理学家之一，朱利安·罗特（Julian Rotter）曾在研究中发现，人们在解释自己的行为结果时，经常会有不同的倾向，即在多大程度上，行为的结果是由自己控制的，还是由某种外在力量控制的。罗特将这种不同的倾向称为"控制源取向"（locus of control），也叫"控制点取向"，这是一种人格属性，一种关于生活结果的本质的信念，也是一种人们考虑控制自己命运的程度时所形成的态度。

罗特认为，如果你倾向于把行为的控制来源定位在个人（而不是大环境）或内因，认为行为的结果是受个人内在力量控制的，如才干、能力、努力等，你就是一个内控取向的人；如果定位在外因，认为行为的结果是受外部力量控制的，如运气、宿命、神秘的外力等，你就是一个外控取向的人。从大方向上讲，如果你认为人生是由自己掌控的，一切都掌握在自己手里，你就是一个内控取向的人；相反，如果你认为人生是受命运主宰的，自己无法掌控人生，你就是一个外控取向的人。

根据罗特的控制源取向理论，贝多芬就属于一个内控取向的人。在遭受厄运时，他没有向命运屈服，而是积极抗争，积聚性格的力量，通过自己的努力改变人生，把绝望变成希望。这种内控取向的人格特质，也会使一个人的人生站位更加高远。

不是命运，而是对命运的认知和态度决定了人生。

第二节　内控型人格与外控型人格的差异

在生活中，类似以下问题的不同回答，背后体现的往往就是内控、外控的不同取向。

假如你的身体很好，你会认为是因为自己照顾好了自己，还是因为你幸运？

你之所以会孤独，是因为你不与别人见面、沟通，还是因为你没有机会？

你赢得了一场比赛，是因为你尽到了最大努力，还是因为运气足够好？

…………

不同的答案，代表着对不同生活结果的本质的不同信念。

如果你认为自己可以影响发生在自己身上的事情，好与坏的体验都是由自己造成的，那么你就是一个内控型人格的人。内控型人格的人，通常会自己做决定，他们相信自己能够实现期望中的结果，因而更有责任心，遇到困难不会惧怕，遇到挫折不会放弃，从而更有可能达成目标，最终取得的成就也更大。相反，如果你觉得健康是一种运气，孤独是由自己的生活环境造成的，赢得比赛是因为碰巧运气好，你就是一个外控型人格的人。外控型人格的人，通常认为行为的结果是受外部力量控制的，自己再怎么努力也不太可能左右最终的结果；此外，一旦遇到困难和挫折，他们也更容易放弃努力，任由外部力量摆布，无论结果是什么，都听之任之。

以上就是内控型人格与外控型人格所表现出来的不同点。具体来说，内控型人格和外控型人格的差异主要体现在以下五个方面。

对待命运

内控型人格的人，往往不认命、不"信命"，更不信"宿命"，把自己的一切境遇都当作一种经历，无论遇到什么都会认真对待。就像电影《哪吒》里的那句台词："我命由我不由天。"他们从来不把命运放在自己的对立面，也不把命运视为一种预先设定好的终极结果，而是把命运当作一块画板，用自己的方式在上面描绘出自己的人生色彩。

外控型人格的人则刚好相反，他们会倾向于认命，认为一切都是上天安排好的，个人是无力改变什么的。因此，他们做事会选择听之任之，逆来顺受。在这种心态下，他们很少会采取积极的行动去改变现状，因为他们认为那样做是徒劳的。

命运不是路径，更不是结果，而是考验。

对待理想

内控型人格的人更可能是理想主义者，他们认为自己可以掌控自己的未来，因而也会树立远大的理想，并为之奋斗。

外控型人格的人对理想常常有一种"敬而远之"的态度，觉得那更像是空想，想了也白想。他们不认为自己能够用双手打造自己的未来，对人生常常有一种"无可奈何花落去"的哀叹。

理想不是插在人生道路上的标杆，而是对待生活的态度和信念，是从心里生长出来的。

对待灾难

对于外在环境导致的灾难，内控型人格的人和外控型人格的人也有着截然不同的态度。内控型人格的人会接受事实，能泰然处之，并采取积极的应对措施，把损失降到最低，甚至会尝试把危机变成机遇，把坏事变成好事。他们也更乐观，相信"大难不死，必有后福"。

相反，外控型人格的人在面对灾难时往往会陷入消极的痛苦之中，被动地忍受灾难，认为这都是上天给自己安排好的磨难，因此也容易自怨自艾、自暴自弃。

对待不公平

在遭到不公平对待时，内控型人格的人会客观地分析原因，确定这是偶然事件还是经常性事件，是自己没有做好还是环境出了问题。对此，他们会进行冷静地评估和分析，并主动调整自己的行为，或者积极改造环境，努力摆脱困境。

相比之下，外控型人格的人要消极得多，他们在面对不公平时会表现得更像一个"受气包"，觉得是命运在捉弄自己，自己很悲惨，因而也更容易怨天尤人。他们不认为自己可以有所作为，一方面会不停地抱怨，另一方面又会消极被动地接受。

对待成功与失败

人生起起落落，既有成功的时候也会有失败的时候，无论成功还是失败，内控型人格的人习惯于从自己身上找原因。成功了，他们会认为是自己努力的结果；失败了，他们会认为是自己的方法不当或者偶然的疏忽导致的。他们不仅会主动分析问题，更愿意积极地为未来做准备。与此同时，成功时，他们不会大喜过望；失败时，他们也不至于痛不欲生。他们会把成功和失败看作实现目标的常态，把失败看作成功之母，认为好事多磨。在内控型人格的人看来，成功和失败都是一种修炼，都可以让自己不断积聚内在动机和成就动机，而自己也会因此越活越有干劲。

相反，外控型人格的人面对成功会认为自己只是侥幸，而面对失败却认为是自己倒霉。无论成功还是失败，他们都更倾向于从外部找原因，即使成功了，也无法强化他们的自信；如果失败了，只会让他们更加颓废，更不会就此磨炼自己的意志。为此，他们甚至认为人生就是一场折腾。

不难发现，我们的生活中确实存在这两种人格类型的人，他们对事物的结果归因不同，由此产生的应对行为也不同。如果我们用心观察就会发现，这两种倾向都存在使人误入歧途的可能。在通常情况下，我们更倾向于内外结合，在对事物进行归因时，既要考虑内在因素，也要考虑外在因素，这样才能客观、准确地对事情进行归因，找到行为结果的源头，从而更有利于问题解决。

人生不是和命运掰手腕，只需要把命运掌握在自己手里。

第三节　提升内控取向的方法

自从罗特提出了"控制源取向"这个概念后，心理学家们就在工作场景中开展了大量的研究，结果发现它与职场中的行为及行为结果有关。近 20 年来，我们对中国企业的员工进行了大量研究，也印证了这些结果。大致来说，内控型人格的员工有五大优点。

第一，自我效能感更强。自我效能感是指人们相信自己能够采取某种行为并达成相应结果的信念。在工作中，越是内控型人格的人，越认为自己是行为的主宰，越愿为自己的决定付出努力。因此，他们也更相信自己，自我感觉良好，同时也更乐于接受有难度、有挑战性的工作。

第二，内在动机更强。内控型人格的人，习惯自己的事情自己做主，做的也都是自己想做和喜欢做的事情。他们会因为喜欢工作而工作，内在动机感强，能够从工作本身获得意义和满足，所以他们也更可能成为工作的主人。

第三，离职意愿更低。内控型人格的人从事的一般都是自己喜欢的工作，因此他们没有理由放弃自己所从事的工作。同时，他们会对自己选择的职业负责，坚持自己的选择，不会轻易放弃。即使遇到有难度的工作，他们也会坚守初心。

第四，压力感更低。内控型人格的人希望从工作中获得乐趣，即使工作有一定的难度，他们也觉得很有价值，并且乐此不疲地投入其中。有时，他们甚至觉得"人无压力轻飘飘"，所以他们不惧怕压力，甚至欢迎压力的到来。

第五，满意度更高。内控型人格的人倾向于认为自己从事的工作就是自己喜欢的工作，也能从工作中体验到能力感、掌控感和成就感，通过工作得到自我实现和自我肯定，因此对工作的满意度也更高。

从上面内控型人格在工作中表现出的五大优点可以看出，这种人格特质在工作和生活中具有诸多益处。

那么，具体到每个人，怎么做才能提升这种内控取向呢?

这里提供以下四点建议。

寻找榜样

想要提升自己的内控取向，就要以那些具有内控型人格的人为榜样，向他们看齐，从他们的事迹中寻找内控的力量。

比如，阅读成功人士的传记就是一种很好的向榜样学习的方式。美国前总统林肯就是一个典型的内控型人格的人:不能上学，他就自学成才;生活艰苦，他就用幽默的故事给自己制造快乐;多次竞选失败，他也不放弃;南北战争残酷至极，他却始终相信自己的选择，为解放黑奴而奋斗。他就是一个历经多次生活的打击却屹立不倒的人。

又如，我国的石油工人在开发大庆油田时，曾喊出一句惊天动地的口号："石油工人一声吼，地球也要抖三抖！"即使是平凡岗位上的普通员工，也有征服大自然的气概，还有什么是在生活中做不到的呢？有梦想，就会有奇迹；相信自己，就能创造奇迹。

分析成败

要学会改变对成功和失败的认知：成功时，学会欣赏自己、肯定自己，为自己感到骄傲；失败时，不气馁、不抱怨，积极寻找改变结果的方法，让自己扭转局面，迈向成功。

比如，演讲成功了，就肯定自己的沟通表达能力；演讲失败了，就积极分析原因，了解是因为自己准备不足还是努力不够。如果是准备不足，下次就要认真准备；如果是努力不够，就应该加倍努力。

总之，无论成功还是失败，都要从自己身上找到积极的、肯定的因素。"山重水复疑无路，柳暗花明又一村。"人生没有笔直的路，就像没有不拐弯的河一样。找到最正确的那条路，就一定能到达美好的终点。

人生就像走迷宫，虽然有很多死胡同，但总有一个出口在等着你。

提升能力

积极锻炼自己的各种能力和本领，也可以提升自己的内控取向。比如，想成为职场达人，就要全面提升个人能力。具体来说，就是演讲、沟通、用 PPT 做报告，你都能上手；遇到消极尴尬的场合，你能率先打破僵局；遇到困难，你能勇往直前。这样，你才能成为职场达人。"工欲善其事，必先利其器""没有金刚钻，不揽瓷器活"，想要成大事，必先长本事。有了能力、信心，才能有底气，也才能掌控命运。

鼓励成功

鼓励成功是指通过设置目标规划自己的生活、学习与工作。简单来说，就是选择一个明确具体又有挑战性的目标，然后认真分析并认同这个目标，再将目标分解成一系列小目标，以指导日常的实践，及时获得一个又一个小成功，从而肯定自己，看到自己身上的力量和闪光点，鼓励自己努力接近最终目标。用这一连串小成功逐渐装点自己的生活，人生自然会变得越来越精彩。

通过以上分析可以看出，当同一件事情出现时，内控型人格的人的第一反应是"别慌，总有解决的办法""我就不信我解决不了"，而外控型人格的人可能也会努力尝试一下，但尝试过后，如果还解决不了，他们就会丧失信心。

因此，如果你是个内控型人格的人，最好寻找一些具有挑战性的工作，否则你很可能不能充分利用自己的才干，白白浪费自己的才干；如果你是个外控型人格的人，最好寻找一些环境比较稳定的工作，从事一些例行化程度比较高、作业程序相对标准的工作，这样你就可以减少适应环境变化的成本。

　　简而言之，对于内控型人格的人，只有在迎接挑战的过程中，才能更好地展示自己的才干，从而晋升到更高的职位，负责处理更加全面复杂的事务。尤其在遭受困难和挫折时，内控型人格的人也会采取更有建设性的方式加以解决，从而获得更高的成就。

第五章

性格的塑造与改变

第一节　性格的形成

不知道你有没有发现这样一种现象：影视作品中性格鲜明的人物总会给人留下深刻的印象，比如《亮剑》中匪气又义气的李云龙，《人民的名义》中想要"逆天改命，胜天半子"的祁同伟。在现实生活中，我们每天会见到各种各样性格的人，有的热情似火，有的冷若冰霜；有的多愁善感，有的开朗乐观……

我们常说，世界上没有两片完全相同的树叶，同样，世界上也没有两个性格完全相同的人。那么，如此复杂的性格都是怎么形成的呢？为什么人们的性格会不一样呢？

性格心理学家总结了影响性格形成的两大因素：先天因素和环境因素。

先天因素

性格的形成在相当程度上是受遗传影响的。为了证明这一点，心理学家们曾对动物进行了观测。比如，有一项研究就是考察家犬是否也具有独特的性格。

研究者邀请了三类人，分别为家犬的主人、熟悉家犬的邻居和完全没有接触过家犬的独立的第三方，让他们分别对家犬的行为进行观察和评分。结果发现，人的大五人格结构完全可以用于对动物性格的评定和描述。

比如，有一些小狗的开放性更高，乐于探索新的环境；有一些小狗脾气暴躁，神经质水平高；有一些小狗更善于讨人喜欢，宜人性更高；还有一些小狗外倾性更高，喜欢凑热闹。

心理学家在 60 多种动物身上进行了观测，都用大五人格特质来描述它们的行为习惯和风格，分别得出了不同的性格特质。这表明，很多动物在适应环境的过程中逐渐形成了结构相同的性格特征，这也是生物长期进化的结果。同时，这些研究也告诉我们，无论动物还是人，其性格都是按照同样的框架成长发展起来的，并通过基因遗传下来。

关于生物遗传作用的另一个重要证据，就是对同卵双胞胎的对比研究。同卵双胞胎的生物基因完全一样，即使把他们分开抚养，让他们生活在不同的环境中，他们的性格仍然有很多相似之处。这表明，遗传可以独立于环境发挥作用，影响人们的行为习惯。说得再明确一些，那就是人的性格在一定程度上是受父母影响的，是遗传而来的。

环境因素

环境对一个人性格的塑造作用也是不可忽视的。事实上，性格是遗传与环境共同作用的结果。科学家研究发现，遗传不能完全决定性格，

79

而且遗传上的一点点差异就有可能被环境放大，从而导致行为上的差异。

比如，在一对双胞胎中，一个会因为一次偶然的经历而变得外向一些，然后他就会接触到更多外向的朋友和环境，从而性格变得越来越外向；而另一个则没有这样的经历。于是，两个双胞胎之间的性格差异就可能会越来越大。这在一个对小白鼠进行的实验中得到了证实，该研究成果发表在2013年的《科学》上。

正所谓"近朱者赤，近墨者黑"，环境的作用不可小觑。要想打造优秀的性格，就要选择优秀的环境。此处"优秀的环境"主要指的是心理环境，这个环境可以给人的心灵提供富足的资源，而不是提供物质上的富足资源。优秀的心理环境也应该充满了优良的性格品质，比如充满了人性的关爱，拥有仁、义、礼、智、信等。

中国有句古话，"三岁看大，七岁看老"，意思是说，一个人的能力和性格基础在很早就形成了，早期教育十分重要。在一个人性格形成的早期阶段，父母的教育非常重要。老话说"有其父必有其子"，说的就是父母长辈对孩子的影响。孩子在成长过程中，会在很多方面效仿父母，如说话的方式、神态、姿势、走路的样子等。

一项有趣的心理学实验发现，父母说话的音调高低会引起孩子的注意，并对其进行模仿。说话音调比较高的父母，孩子说话的音调也比较高；如果父母说话的音调不同，孩子还会在二者之间自动切换。

通常来说，性格外向、开朗的父母，也会拥有外向、开朗、活泼的孩子；性格内向、谨慎的父母，孩子的性格也偏于内向、谨慎；慷慨大方、乐于助人的父母，往往也会有慷慨大方、乐于助人的孩子。可见，父母的言行时刻影响着孩子，所以父母也是孩子的第一任老师，父母对孩子的影响极其深远。

但是，有研究发现，父母在孩子生命早期的影响也不是绝对的，青年期也是个体人格发展的重要时期，对人格定型起到重要作用。我和我的学生做过一个时间跨度为三年的观察，每半年测量一次高中生的性格，结果发现高中时期孩子的性格仍在不断变化。实际上，即使过了青年期，人的性格也是会变化的。甚至到了老年期，性格也并非一成不变，比如"返老还童"就体现了性格的逆向变化特征。

成年后的人际关系对性格的影响也很关键。比如，上级领导的处事风格、待人接物的方式方法等，不仅会影响下属团队的表现，还会影响团队中每个人的行为。一般来说，凝聚力高的团队会有更多的合作行为，团队内残酷的竞争氛围则会带来嫉妒和冲突。这些都说明，人的行为风格在成年时期仍然会受外在环境的影响，甚至会因此而发生改变。这也提醒我们，选择健康的工作环境很重要，它可以在一定程度上使我们的性格更加健康。

第二节　导致性格改变的因素

性格的形成受到多种因素的影响，性格的改变也是如此。只是改变性格不是一件容易的事，毕竟性格是在长期的生活经历中所形成的稳定的、习惯性的思维方式和行为模式。要改变它，需要足够大的推动力。

一般来说，性格的变化有两个方向：一个是向不好的、糟糕的方向变化；另一个是向好的、理想的方向变化。心理学家通过大量的研究发现，导致性格改变的因素主要包括以下几种。

苦难兴邦，落难成才

大量的史料记载和研究都显示，有些灾难或重大的家庭变故可以在一夜之间改变人的性格。比如大地震、交通事故、重大疾病、失去至亲等；又比如战乱、社会动荡、家破人亡、颠沛流离……这些巨大的环境力量，足以使人的性格发生颠覆性变化，甚至可能使人变得绝望、痛苦不堪、消沉颓废。

当然，也有人凭借自身强大的性格力量和心理韧性，坚持与困难搏斗，在各种灾难中挺了过来。

"感动中国 2021 年度人物"获奖者彭仕禄，是革命英烈彭湃的儿子。3 岁时，彭仕禄的母亲被反动军阀杀害；4 岁时，他的父亲又不幸牺牲。自此，彭仕禄就被多个家庭收养，不满 10 岁就两度被捕入狱，还曾带伤 18 天爬行 13 公里。后来，他辗转到了延安，开始克服重重困难，刻苦学习，最终成为我国核潜艇动力装置的设计师。为了研发核潜艇动力装置，他带领的研发团队在深山沟里搞研究，条件非常艰苦，但他说："再苦也比不上监狱铁窗里的苦，没有什么困难是不能克服的。"

彭仕禄的事迹告诉我们，苦难和打击可以让一个人的性格变得更加坚强。困难常有，苦难却不常有。一个经历过苦难的人，面对困难不会轻言放弃，在苦难中形成的坚韧性格可以让他们不畏任何艰险。

特殊事件

电影《唐山大地震》中讲了这样一个故事：女孩方登自小就觉得妈妈偏爱弟弟，在大地震爆发后，她和弟弟都被压在石板下，而当时救援人员告诉妈妈，因为情势危急，只能救下一个孩子。在短短一瞬间，妈妈无奈地决定救弟弟。这让方登幼小的心灵充满了深深的怨恨。后来，方登虽然也得救了，但在此后的 32 年间，她始终不肯原谅妈妈，内心的积怨也让她的性格变得执拗、回避情感、敏感脆弱，对人缺乏信任感。

直到汶川大地震发生后，方登亲历了一个场景：一个女孩的腿被石板压住了，如果撬开石板，那么女孩和救援战士都有生命危险。关键时刻，女孩的母亲站出来，绝望地喊道："喊医生，锯腿！"在场的所有战士都劝阻这位母亲，希望她不要做这样的决定，但这位母亲说："不能再挖了，再挖下去，楼就塌了，再搭上你们的性命，我对不住你们的父母。锯吧，孩子长大了恨我，就让她恨吧。"医生最后无奈地锯掉了女孩的腿，而陷入绝望的母亲也难掩心中的痛苦，当女儿被抬出来后，她崩溃地大哭道："妈妈对不起你！"

看到这一幕，方登的怨恨终于消解了，而此时她自己也做了妈妈，终于理解了自己的妈妈当年做出那个决定时有多么痛苦——如果不是万般无奈，谁又会选择抛弃自己的孩子呢？

一个重大的事件给她的性格凿出了鸿沟，而另一个重大的事件又帮她填平了这个鸿沟。由此可见，一些重大事件对人性格的影响是很深刻的，有时甚至会颠覆他们原本的价值观。这些影响可能是积极的，也可能是消极的，面对消极影响，就需要我们重新找回自己的内心平衡，走出困境，成为更加坚强的人。

仙人指路

翻译家金晓宇因为翻译了大量的外国文学作品和哲学作品而出名，在此之前，他却拥有一段极其痛苦的人生经历。在金晓宇 6 岁时，同伴在玩玩具枪时不小心打瞎了他的一只眼睛，这几乎摧毁了他天真烂漫的童年。

更严重的是，由于这件事给他造成的心理创伤没有得到及时的治疗和修复，导致他患上了躁郁症，时而狂躁，时而抑郁。狂躁时，他就砸毁家里的各种家具，扳倒冰箱，向电视机里灌水，无端指责别人；抑郁时，他又会少言寡语，什么事都不想做，甚至多次产生轻生的念头。他无法接受现实，无法接受自己，也无法正常上学，只能辍学在家，整个人就像被噩梦笼罩着一样。

后来，金晓宇在家里找到了一件有趣的事情做，就是对着电影字幕学外语，并将对生活的不满全部转化为一股力量，在外语学习中找到了慰藉。很快，他就掌握了英语、日语和德语。

一次，父母的一位同事提出了一个建议：孩子既然具备了这么好的外语能力，可以试试做翻译，不但待在家里有事做，还能赚钱养活自己。

就是这个建议，彻底改变了金晓宇的人生。

不久之后，金晓宇就接到了第一个翻译任务。他非常专注且高质量地完成了翻译工作，赢得了客户的好评。由于他翻译精准，没有语法错误，也没有错别字，各个出版机构的编辑们都抢着要他的翻译稿件，翻译合同也源源不断地寄来。

一个人的一句话，为金晓宇指明了一条适合他的道路，也改变了他的性格。可见，一个不幸的事件可能会在一夜之间改变一个人的性格，但面对厄运，我们也可以寻找希望，换一种活法，重新让生命发出光和热，变得灿烂而有价值。

有人说，金晓宇就是中国男版的海伦·凯勒，他们的经历十分相似。海伦·凯勒不到 2 岁就失去了视力和听力，生命陷入低谷，性情极其糟糕。但是，她在 6 岁时遇到了充满爱心的家庭教师苏利文。在苏利文的爱和帮助下，海伦·凯勒的人生发生了转变，生命也重新焕发光彩。

人生总会经历很多挫折和磨难，这些挫折和磨难也有可能会影响一个人的性格形成和发展。但在有些时候，一个人、一本书、一部电影，甚至一堂课、一句话，都可能会影响到我们，改变我们的性格与人生轨迹。

人生有时就像烙饼，你被翻了过来，你也可以想办法再翻回去。翻来翻去，就成熟了。

信念与心智模式

斯坦福大学心理学教授德威克（Dweck）曾提出一个广为流行的概念：人有两种朴素的心智模式，一种是固定心智模式，是指人的心智（包括智力、性格）是固化的、一成不变的；另一种是成长心智模式，是指人的心智是可以改变的，一个人可以通过努力或接受环境的变化而不断改变自己的心智模式。

大量心理学研究表明，持有固定心智模式的人在工作、生活中较少努力，开放性较低，不相信事情可以有新的可能性，因此也很少主动做出改变，绩效也更低。相反，持有成长心智模式的人，处事更积极，也更倾向于在生活、工作中付出努力或主动做出改变，由此他们的绩效也更高，成就也更大。

比如，在 2002 年的一项心理学研究中，心理学家埃利奥特·阿伦森（Elliot Aronson）等人招募了一些大学生志愿者，将他们随机分为两组，一组为实验组，要观看一部电影，内容是介绍大脑如何建立新的神经连接、如何丰富神经网络，以及大脑在智力挑战中如何灵活应对。实验人员还给每个大学生写了一封信，告诉他们人的大脑是可塑的，学习会提升智力水平。另外一组为对照组，没有看电影，也没有收到信件。

一个学期后，心理学家再次对两组大学生志愿者进行测试，结果发现：通过电影和信件了解到大脑是可塑的、智力是可提升的志愿者，相对于对照组志愿者，表现出了更高的学习能力，对学术工作的兴趣也更高，学习成绩也更好。

这项研究支持了德威克教授的观点：信念很重要，当你相信事情可以改变时，你的智力、性格也就可能获得改变。

人不是因为聪明而努力，是因为努力才聪明。

因此，我们在工作、学习、生活中要不断树立这样的信念：没有做不到的事情。有了这样的信念支撑，我们才会自觉地去改变自己，努力成为理想中的自己。

通过上面的分析可知，人的性格并不是完全固化的。诺贝尔文学奖获得者托马斯·斯特尔恩斯·艾略特（Thomas Stearns Eliot）曾说：性格，既不坚固，也不是一成不变，而是活动、变化着的。古罗马诗人奥维德（Publius Ovidius Naso）也说：性格由习惯演变而来。这正如心理学定义中所说的：性格是习惯化的心智模式和行为方式。事实上，但凡想要改变性格的人，肯定是有对自己不满意的地方，这也是自我批判精神的体现。有了这种精神，再加上信念和努力，我们才会不断地成为更好的自己。只是在修炼过程中，一定要持之以恒，要相信由量变达成质变的结果。

养成良好的习惯，是优化性格的直通车。

第三节　创业性格与企业家精神

现在创业的人越来越多，很多年轻人（包括学生）也经常问我，什么样的人适合创业？怎样才能成为一个优秀的企业家？

很多人认为，接受过工商管理硕士（MBA）教育培训的人才更适合创业或成为优秀的企业家，事实并非如此。有这样一项大型的追踪研究颠覆了人们的"常识"，该研究成果发表在 2017 年的《科学》上：心理学家们在非洲选择了 1500 家企业，并将其随机分为三组，第一组中的企业主不接受任何培训（即对照组），第二组中的企业主接受传统的 MBA 教育培训，第三组中的企业主接受心理学培训。两年以后，心理学家们对三组企业的经营利润进行对比发现，相对于对照组的 500 家企业，接受了传统 MBA 教育培训的 500 家企业，利润高出 11%，但并没有达到统计显著性；而接受心理学培训的 500 家企业，利润却高出了 30%。

这项研究说明，对于企业利润增长贡献更大的，往往不是人们熟知的传统的 MBA 教育，而是心理学培训。帮企业赚大钱的，也不是企业主所具备的工商管理知识和技能，而是心理素质。

实际上，人们在平时也会有这样的困惑：很多成功的企业家在创业之前并没有系统地学习过工商管理知识，更没有 MBA 学位；相反，大量的 MBA 毕业生只是成了普通的职业经理人，很少成为成功的企业家。就连一些商学院自己都宣称不是在培养"老板"，而是在培养职业经理人。由此可见，商学院教育与成为企业家二者之间并不存在必然的直接联系，创业成功者一定还具有其他的性格特质和心理素质。

那么，哪些性格特质和心理素质更有助于创业，有助于创业者在成为企业家的道路上少走一些弯路呢？

对此，我重点介绍四点性格优势。

勇于创新

勇于创新的人，通常都具有很强的创新性（innovation）。创新性是指善于总结、思考，乐于尝试以新的方式更好地解决问题，甚至是以崭新的方式定义问题，或者提出新的问题。从这个意义上讲，它也叫作首创性（initiative）。

创新性的核心特征是发散思维，也叫横向思维，表现为不按照常规逻辑思考，不走寻常路，不按套路出牌，敢于尝试新的观点、方法和事物，能够独辟蹊径。勇于创新的人也具有灵活的思维，善于用创造性的方法解决问题，提高效率。因此，这也是创业者成功的思想基础，可以推动企业在各方面不断革新，打破格局，开发、挖掘出新的需求，为用户提供更多的新产品或更好的体验。

创新性的代表人物就是苹果公司的创始人乔布斯。乔布斯的座右铭是"活着就是为了改变世界"。他于 1976 年创立苹果公司,以全新的方式定义个人电脑,得到高端用户的青睐。后来由于种种原因,他被赶出了苹果公司,但他不但没有气馁,而且创立了皮克斯动画工作室,推出了轰动全球的世界首部 3D 动画电影《玩具总动员》及系列作品,让高科技重新定义了数字化时代的动画电影。重返苹果公司后,他再创辉煌,以 iPod、iPad、iPhone、iMad 等一系列创新产品一次又一次地惊艳市场。

在创业过程中,只有善于创新、求变,才能促进企业的可持续发展,这也是企业在激烈的竞争中能够生存下来的法宝,更是提升企业竞争力的关键路径。

生活中也有很多持续创新的例子。比如,人们希望能更持久地保鲜食品,就发明了保鲜袋;但是保鲜袋无法密封,于是发明了保鲜夹;而保鲜夹无法告诉我们食品还能保鲜多久,于是又发明了带有日期码的保鲜夹。正是这样不断地创新,才提升了我们的生活品质和消费体验。

产品总会创新,一切皆成过往,唯有创新永恒!

主动性强

主动性强的人会积极采取行动克服困难,解决问题,改变现状。他们是真正的"行动派",想到的就立刻去做,想不到的也努力尝试去做，通过这些方式努力提升自身能力。具备这种性格的人，往往可以做到知行合一，把想法变成现实，因此在创业过程中也会更多地把握住机会，一次次创业成功。

吉利汽车创始人及董事长李书福的人生经历，就是主动性强的生动体现。他高中时期因为家境不好而辍学，为了谋生，他主动想办法改变命运。他的创业故事始于攒照相机，有了照相机，他就开了一家照相馆。有了照相馆，他又利用自己高中时学到的知识，从照片定影液的溴化银中提取银拿去销售。接着，他又把生意扩大到贵金属交易，赚到了人生的第一桶金。有了钱后，他又去上大学。在大学期间，他抓住机会，做起了金属板材生意。最后他又将目光投向了汽车行业，并自己动手拼凑零件，用红旗汽车的底盘、奔驰汽车的外壳，打造了"吉利一号"。在他的不断尝试下，才成就了今天的吉利汽车。

我们从李书福的成长经历可以看出，他的创业过程正是把一个又一个机会转变为成果的过程。

很多时候，我们不怕想法天马行空，就怕面对想法无动于衷。主动性强的人，最可爱的地方就是不仅有想法，还能用行动兑现想法。

主动性强的人，即使在普通岗位上也会有优秀的表现。在面向企业家的课程中，我会鼓励企业家们在企业中营造主动性的文化。例如在西餐厅，服务员可以主动问顾客"您还需要什么帮助吗？""您偏好什么口味？""您需要推荐菜品吗？"员工也可提出一项新的菜品或服务，或是提议某个新措施，这都是主动性的体现。

在生活中，我们也可以培养主动意识，主动发起行动。比如，在电梯里主动与同事打招呼，在办公室里经过同事的工位时主动问候同事，主动询问同事需要什么帮助，主动给别人提供一些支持和建议，也可以主动组织一些活动，主动发起企业或社会倡议等。总之，要习惯成为主动发起者，而不是被动跟随者。

此外，平时做事我们也不要总是"三思而后行"，有时哪怕想不清楚，也可以先尝试，边做边想，不要让思想捆住了手脚，因为很多新的想法都是在探索中形成的。当行动起来后，思想也更容易被激活，甚至在很多时候，行动就是思想。

自控取向

自控取向是指一个人控制自己的思想、情感、行动，努力靠自己控制局面，对一切具有掌控感。

自控取向强的人，往往对一切都更有控制感，就像一个好的驾驭者，不能让事情演变成脱缰的野马，让场面失控。他们可以很好地控制当下，让事情处于自己的掌控之中。所以，他们是一切事物的推手，不允许自己被麻烦搞得焦头烂额；"每逢大事有静气"，临危不乱，遇事不慌；任凭风浪起，稳坐钓鱼船。

同时，自控取向强的人对自己的创业方向、创业过程、团队管理等也都具有一定的把控力，有责任担当，是企业前进的舵手。这一性格优势的典型代表人物就是海尔集团的创始人张瑞敏。1984年，张瑞敏出任海尔青岛电冰箱总厂的厂长，在之前的一年里，这个工厂有三位厂长先后辞职，觉得经营不好这个工厂，这个工厂也没有发展前途。但是，张瑞敏相信自己可以改变工厂的命运。他上任后，很快就发现了工厂里的一些"老"员工不服从管理，于是他加入员工群体，与员工打成一片，很快便赢得了员工的信任。随后，他又推行了新"军规"，设立了激励制度，很好地控制了局面。他还曾当着全体员工的面，用斧子砸烂了有质量问题的冰箱，教育员工必须严格控制产品质量，否则就会失去市场。他还把海尔冰箱打入国内当时比较难进入的北京市场，接着又把海尔冰箱打入国际上最难搞定的美国市场，在美国形成了设计、生产、销售三位一体的格局，让产品在海外站稳了脚跟。

我们从张瑞敏的创业经历可以看出，很多时候所谓的局面是否可控，不过是凭人们的感觉和主观判断。你认为不行，但别人认为可控，那么别人就会胜出。所以，在创业过程中，真正要控制的往往不是我们面对的局面，而是我们自己。

这里需要注意的一点是，自控取向与内控取向是不同的。内控取向的反面是外控取向，是躺平、放任自流，任凭环境摆布，自己无所作为；而自控取向的反面是失控感，是紧张慌乱、束手无策，会体验到恐惧和焦灼，想要做好却感到无计可施，有时还可能慌不择路，忙中出错，导致局面更加失控，陷入恶性循环。

有心理学家曾研究考察了失去自我控制时人的具体表现，该研究成果于 2008 年发表在著名的《科学》上。这些研究把一批志愿者分为两组，一组体验到很强的自控感，另一组体验到强烈的失控感，然后让他们观看两张雪花图。

在第一张雪花图中，人们会隐隐约约地看到一个小帐篷的轮廓；而在第二张雪花图中，有人说看到了蚂蚁，有人说看到了狐狸、昆虫……事实上，第一张雪花图中的确有一个模糊的小帐篷的轮廓，但第二张雪花图中什么都没有。

这些研究结果表明，越是缺乏自我控制感的人，越容易在这种毫无意义的图中看出所谓的形状或模式。这是一个人自我控制感缺失或感到失控时的典型反应，有点像我们常说的"病急乱投医"，明明没有任何关联或模式，却自以为看到了某种解决方案。这其实就是在补偿自我控制感的缺失，平衡因内心失控导致的不安感，刻意制造出一种一切还在掌控之中的感觉。显然，这种感觉对企业管理来说是不可取的。

面对失控固然糟糕，但更悲剧的是自欺欺人。

不过，要提高自控取向并不难，因为人的自控力具有很大的可塑性，只要认识到位，就能有效。心理学研究表明，即使看到一张大脑神经结构图，或者阅读一段如何锻炼意志力来控制冲动和调节行为的文字内容，也可以有效地缓解愤怒情绪和攻击行为，提升抗干扰和抑制冲动的能力，从而很好地完成自己面对的认知任务。

有激情

激情是指热情、斗志昂扬、乐观地面对事业，精力充沛地推进事业。有激情的人，总是能保持情绪上的高度唤醒，对工作和事业高度专注，甚至干劲十足，从不泄气。他们可以更好地应对挑战和挫折，用强大的自驱力来推动事业的发展，并用自己的这种行事风格和动力来感染周围的人，鼓舞士气。

在创业过程中，有激情的人的行事风格不仅能打动同事、下属，增强公司全体员工的凝聚力，还能打动投资人和消费者。因此，他们也可以快速地发展并推动变革，用自己的创业精神引领时代发展。

人若没有激情，世界将一片漆黑。

激情人格的典型代表人物是新东方的创始人俞敏洪。他曾三次经历高考失败而不放弃，最终考入北京大学。毕业后，面对改革开放后的出国大潮，俞敏洪开创了新东方英语培训的"小作坊"。为了把这个"小作坊"经营下去，他每天骑着一辆破旧的自行车在大街上到处贴广告，推销自己的培训班。期间，他遭遇过打劫，被人用给动物注射的针管打过麻药，在生死边缘上走了好几圈，但他仍激情不减，始终坚持，终于从一间 10 平方米的小平房，发展成为价值数亿元的摩天大楼。2008 年，新东方更是在美国纽约证券交易所上市，实现了"人生终将辉煌"的口号，书写了中国培训行业的传奇。

因教培行业乱象，新东方面临重大危机。沮丧之余，俞敏洪却说："这也许是老天在给我们另外一次创更大的业、取得更多辉煌的机会。"于是，他又将目光转向了另一个领域：直播带货。在俞敏洪的努力下，一群失去了讲台和课堂的老师跟着他一起创立了"东方甄选"，开始进军直播带货市场。虽然刚开始没有多少人看好，但在经过一年多的努力后，"东方甄选"还是迎来了成功的曙光。

激情就像"核聚变"，为高能耗的人生提供源源不断的动力。

激情可以引发信念。一个人一旦对一件事产生激情并愿意去做，就会形成信念，不达目的不罢休，这就是成就事业的一个极大动力。企业之间的竞争，关键是企业家之间的竞争，而企业家之间的竞争就是激情的竞争。一个没有激情的企业家，真正的较量还没开始，可能就已经败下阵来。所以，创业就像一台机器，而激情就是机器的发动机，有激情才能推动创业者不断前进，创业也才有可能会成功。同样，创业之路布满荆棘，如果创业者没有强大的精神力量，没有持久的创业激情，就很难渡过一道道难关，带领企业走向辉煌。

任何一个企业，无论大小，只要能够生存与发展，就意味着其创始人不会是简单的存在，他们必然具备特殊的人格特征与优秀的精神品质。以上四点则是一个创业者、一个企业家必备的性格特质与心理素质，具备了这四点，你才有可能在突破创业的极限中探寻自己的无限可能性。

总之，个体性格的形成与改变需要一定的内部环境和外部环境的影响，这些影响也可以在一定程度上帮助个体更好地塑造和发挥自己的性格优势。创业的成功与否与创业者的性格息息相关，并不是每个创业者都能创业成功。同样，成为优秀的企业家更不是一件容易的事，它要求我们具备一定的性格优势和心理素质，以此支撑起企业家精神，从而在创业过程中少走弯路。

第四节　成功者的性格密码

一个人的成功，是许多优秀性格特质的综合作用。那些出类拔萃、取得伟大成就的人，身上往往具备许多优秀的个性特征。性格决定了一个人对各种事物的思考方式和态度，也决定了他们会用不同的行为方式去处理身边发生的所有事情。

接下来，我们以在 2022 年北京冬奥会上获得单板滑雪男子坡面障碍技巧比赛亚军、单板滑雪男子大跳台比赛冠军的苏翊鸣为例，对他的行为表现进行综合分析，解读这位被媒体称为"天才少年"的世界冠军在成长、成名过程中，都有哪些性格特质以及心理品质发挥了支撑作用。

内在动机

苏翊鸣出生在吉林省吉林市，父母都是单板滑雪爱好者。受父母影响，苏翊鸣从小就爱上了滑雪这项运动。东北的冬天，室外非常寒冷，气温经常降到零下一二十摄氏度。为了自己的热爱，小小年纪的苏翊鸣经常冒着严寒去练习滑雪。外界看起来枯燥严格的训练，对苏翊鸣来说反而是一种享受。他曾在采访中说："人一定要做自己喜欢的事情。别人训练 5 小时，我训练 8 小时，可能大家都觉得我很努力。但对我来说，我只是比他们多玩了 3 小时。"也就是说，他是因为真心喜欢才从事这项运动。

这就是内在动机在发挥作用。人一旦有了这种动机，无须外部诱因的驱使，就能自我驱动。所以，苏翊鸣小时候学习滑雪是主动地、开心地去学，无须父母撵着他去学、去练。因为他要做的是自己喜欢的事情，无论付出多么辛苦都是一种享受。

发自内心的喜爱是行为的首要驱动力。

挑战取向动机

2012 年，苏翊鸣前往日本学习滑雪，指导他的是一位严苛的日本教练。每次训练时，教练都要求苏翊鸣把每个动作做到极致，但教练从不担心苏翊鸣在训练中偷懒，因为他对自己的要求比教练还严格。哪怕是一个只需两三秒的动作，他也要花上很长时间反复练习，目的是做到最好。他曾说："一个新的难度动作，我每天练习 6 小时，一直重复练这个动作，可能需要一个夏天才能完成这个动作。每个动作都要经历成百上千次的训练，而一旦我完成了一个动作，那种成就感又促使我去挑战新的难度动作。"

这就是具备很强的挑战取向动机，又称提升焦点取向动机

（promotion focus motivation），意思是乐于通过努力尝试获得最大的提升和成功，为此甚至甘冒失败的风险。这种动机一旦沉淀为习惯的风格，就会成为性格中重要的品质，不是畏惧挑战，而是乐于寻求挑战。

成功往往不是守出来的，而是拼出来的。

情绪智力

面对困难和失败，运动员往往需要更强大的情绪调节能力，即情绪智力（emotional intelligence）。情绪智力包括自我情绪理解、自我情绪调整、他人情绪理解、情绪利用等。这些能力越强大，情绪智力就越高。

滑雪给苏翊鸣带来了乐趣和成功，但也让他承受了不可避免的压力和伤痛。在这些时候，他总能尽快调整好自己的心态。他说："我不会有心态崩溃的时候。遇到困难，我会找到更有效、更快乐的方法去解决，比如听喜欢的音乐。"

在很多情况下，越是紧张、焦虑，就越容易走向失败；越是担忧，担忧的事情就越有可能发生。这就是心理学中的墨菲定律。因为当你紧张、焦虑、担忧时，你的心理能量是在额外耗损的，你的注意力、精力也会被分散，使你无法再专注于自己要做的事情上，也无法有效地做好事情，结果就可能真的会出错。

焦虑的情绪，才是打败自己的最大的敌人。

科学运用意动与表象加工

苏翊鸣曾说，自己在正式比赛前不会感到恐惧，也不允许自己在重要比赛中失误，因为他会非常细致地分析自己为什么会受伤，哪些动作会导致自己受伤，怎样把动作做得更好。有了充分的思考，他就会对自己更加了解，对比赛状况更有把握。

赛前，他会在大脑里对整串动作进行预演。很多运动员在比赛前都会进行这样的预演，这种行为在心理学上称为"意动"，也就是在意念上进行运动，想象自己比赛时的样子，并在心理表象中多次预演某些动作。心理学研究表明，这种意动和表象加工对于竞技水平的充分发挥具有重要价值。善于运用意动和表象加工还有助于调节情绪，因此也是高水平运动员必备的重要品质。

善于驾驭技能，比技能本身更宝贵。

开放性人格

开放性人格是大五人格中的第一个特质。开放性高的人，对一切新鲜事物、观念、活动等都保持高度的好奇心，乐于尝试新的东西。

这可以不断突破自我，让自己变得更好、更优秀。

作为"00后"中国优秀运动员的代表，苏翊鸣展现出来的品质之一就是乐于尝试各种可能性。虽然从小学习滑雪，但他还当过演员，后来还学习滑板、冲浪等。这种开放性不但开拓了他的视野，丰富了他的人生经历，让他变得多才多艺，还让他从中找到了自己真正的爱好。

每个人都不知道自己的边界在哪里。如果不尝试打开自己，那么你的潜能也许永远都发挥不出来。

人生不设限。只有充分打开自己，才能前途无限。

自我同一性

苏翊鸣曾多次接受媒体采访，也被问过很多刁钻的问题，但他都能从容应对。这归功于他内心的自我同一性的成长，也就是人格的成熟。

一个自我概念清晰、人格成熟的人，有着健康的自我同一性，知道自己是谁、想要什么、想成为什么，以及如何成为更好的自己。这也就是解决了"生存还是毁灭"（to be or not to be）的自我同一性心理危机。

自我同一性健康、健全的人，可以活出真我，内心坦荡，真诚自信，满脸都洋溢着生命的光彩。这样的人，人见人爱。

心中有日月，眼底有阳光。

自律

自律是实现目标、成就理想的重要手段和策略。你想要比别人收获得多，就必须对自己有更高的要求。

苏翊鸣从4岁开始学习滑雪，即使在寒冷的天气里，他也会早早起床去雪场练习；上学后，为了能多一些时间训练，他每天都会自觉地早早完成功课，有时因为训练落下功课，他也会用最快的速度把功课补回来。这样的自律与刻苦，让年仅7岁的苏翊鸣就成了国际知名单板品牌的签约赞助滑手。

高度自律的人不会浪费自己生命中的每分每秒，因为他们懂得，时间和刻苦可以提升生命的价值。

只有管好当下，才能赢得未来。

内控

内控（internal locus of control）是一种极其重要的性格品质，是指人相信自己是命运的主宰，自己的行为受自己的支配和控制，即所谓的"我命由我不由天"。这样的人会为自己做决定，并善于坚守自己的内心，同时也会对自己的决定负责任，遇到困难不放弃，遇到挫折不气馁，凡事都能坚持不懈，因此也更容易获得成功。换句话说，内控就是把命运攥在自己的手里。

2015年7月31日，中国成功申办2022年冬奥会那天，苏翊鸣第一次考虑做滑雪运动员。经过一番思考后，他认真地对妈妈说："妈妈，我要参加北京冬奥会。"妈妈觉得儿子可能是被申奥成功的画面感染了，只是一时冲动，但她还是和儿子深谈了一次，并告诉他，要实现这个想法，他需要放弃很多，也要投入很多。经过慎重思考，苏翊鸣最后决定要参加北京冬奥会。他自己为自己谋划，自己为自己作主，自己为自己担当。无论放弃多少，无论投入多少，他都自己扛。

这种有着强大内心意志和自主意愿的人，往往也能更加坚定地为自己的目标付出努力。

内控的人，心比天高，命与心齐。

自我效能

自我效能是一种心理力量，也是心理资本的四大要素之一。

自我效能高的人，相信自己能做出某种行动，并通过行动达成某种结果。自我效能与自信相似，但它比自信更加具体，也拥有更可靠的自我认知。它是对自己的客观评价，相信自己有能力实现某种结果。

虽然很小就接触单板滑雪，但苏翊鸣也不得不承认，滑雪运动是有很大风险的。但他更相信自己，相信自己的能力，相信可以通过自己的努力实现自己的理想。这样的孩子，努力起来充满底气，可以靠着自己的踏实行动和坚定信念所向披靡，迎来自己的高光时刻。

首先要相信自己，然后你才可能成为你想成为的样子。

韧性

韧性也叫恢复力、复原力，是指人们面对压力能够撑起来、顶得住，遭遇挫折能够迅速恢复，调整自我，征服困难。

在北京冬奥会坡面障碍技巧资格赛中，苏翊鸣在第一轮就获得了最高分，顺利出线。但比赛正式开始后，在第一轮比赛中，苏翊鸣却排名第四，前面三位选手的得分都比他的高出不少，他的压力可想而知。不过，苏翊鸣说："我也很擅长从挫败中调整恢复，不辜负自己之前的努力。"

虽然顶着巨大的压力，但苏翊鸣在第二轮、第三轮比赛中都提升了动作难度，并且为之全力以赴，最终他的成绩从第四名跃升为第二名，获得了亚军。

面对强手和高压，如果心虚、腿软、示弱，就会失去胜出的机会。有韧性的人是遇强则强、遇强更强。一位新闻评论员曾这样评价苏翊鸣："他身上除了有优秀运动员具备的运动天赋，还有只有少数顶尖运动员才具备的'泰山崩于前而色不变'的心理素质。"正是具备韧性这种心理特质，这位少年在面对强手时毫不退缩，最终为中国队创下了该项目的历史最好成绩。

有韧性的人坚信，无论世界有多大，自己都扛得起。

主动性

主动性也叫积极性，具有这种心理品质的人，行动与思想并行，知行合一，思而有动，动中有思；能自发性地采取行动，而不是被动等待；是行为的发起者、推动者，而不是跟随者；是那种心中有思想、脚下有行动的人。

在多次接受采访中，苏翊鸣都说："我会不断打磨自己的难度动作。""希望能把这次比赛的经验用到冬奥会上。""希望能多积累经验，在下次赛出更好的水平。""冬奥会金牌不是终点，而是起点。"

苏翊鸣有这样的思想，也有这样的行动。比如在 2023 年年初的世界极限运动会上，苏翊鸣再次突破自我，完成了正脚内转 1980°的动作，摘得铜牌，这也是他首次在赛场上挑战这一顶级难度动作。

思想指导了行动，行动又不断使思想得到升华。在这样的一种正向循环中，不断地自我迭代，就能实现人生的"升级"。

每一次主动进取都拓展了自己的成长空间。

技能迁移

当你尝试了各种可能性，发展了各种技能，使自己变得多才多艺后，不同的才艺与技能之间就会产生很大的促进作用，从而形成能力的互联网，最终由量变达到质变。心理学家指出，许多知识、技能之间都是可以迁移的，也是能彼此借用、互助的。

苏翊鸣不但喜欢滑雪，还喜欢充满激情与个性的滑板运动、冲浪运动等，这些运动中的技巧都能迁移到滑雪运动中。此外，他还尝试学习剪辑、音乐等，这些又能帮助他调节情绪，缓解压力，使他形成心理品质的集团优势。

技能互联，造化无边。

正是以上这些性格特质和心理品质，奠定了苏翊鸣成功的内在基础，打造出了一个 18 岁的阳光少年、新科奥运冠军。与其说大众喜欢这个人，不如说大众喜欢的是他身上所具备的这些优秀的性格特质和心理品质，也更希望自己能够成为这样的人。

　　总之，任何成功都不是单一性格特质发挥作用的结果，而是各项性格特质与心理品质综合发力的结果。通过观察和借鉴成功人士身上所具备的性格密码，我们可以找到培养自己性格特质与心理品质的有效方法，不断提升自己。只要能坚持下来，我们距离自己的目标就会越来越近，并在生活和工作中不断突破自我。

第六章

人格与人际关系

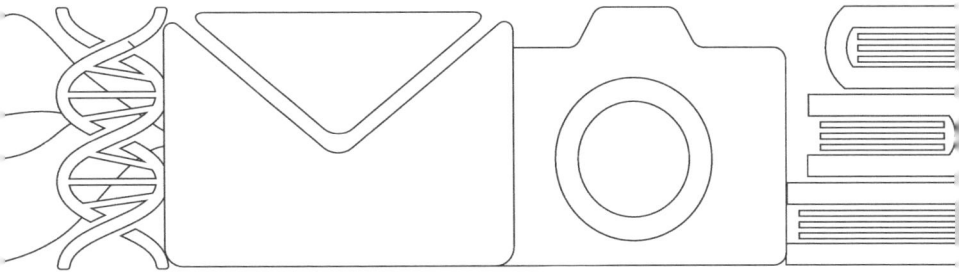

第一节　人际关系的重要性

　　著名心理学家哈里·哈洛（Harry Harlow）做过一个非常有名的实验，探讨母爱到底意味着什么。在实验中，他把猴子的幼崽放入笼子，里面有两只假的母猴，其中一个是用金属丝网制作的，上面挂着一个奶瓶，另一个是用绒布制作的。实验观察幼猴到底更愿意跟哪一只假的母猴亲密接触。

　　结果发现，只有在吃奶的时候，幼猴才会跑到金属丝网制作的母猴身上找奶瓶，其他大部分时间它会搂着绒布制作的母猴。这说明，虽然金属丝网制作的母猴可以为幼猴提供食物，能满足幼猴基本的生存需要，但真正能建立亲密关系的，却是那个能为幼猴提供温暖，令它感到舒适的绒布制作的母猴。

　　这项实验也说明，幼猴对金属丝网制作的母猴没有依恋感和亲密感，而更喜欢绒布制作的母猴，因为它在那里可以得到温暖、舒适和安全感。也就是说，当幼猴的吃喝这一基本生存需要得到满足后，它就会去寻求让自己感到更舒适的情感关系。

　　这项研究揭示了情感关系中母爱的由来：为幼儿提供饮食固然重要，但若给幼儿一种冷冰冰的感觉，那么幼儿并不喜欢；真正能够建立亲密关系的，是能够为幼儿提供舒适、惬意、温馨的情感，那才是爱的内核。

有些家长在养育孩子时，经常把关系解读为冷漠的物质关系或金钱关系，口口声声对孩子说："我供着你吃穿，你还不听话、不满意！"有些企业领导者也会这样对待员工，甚至经常对员工说："我给你提供工作，让你有钱赚，你还不领情！"经常这样说话的人，其实并没有理解人际关系的真谛。

人是一种社会性动物，人这个物种从诞生起就是在群体中生存的，并且人也只有依靠群体才能生存下来。因此对人来说，人的社会属性非常重要。人对社会关系的依赖也正如马斯洛在需要层次理论中提到的那样，当基本的生存与安全需要得到相当程度的满足后，亲和、爱、归属感的需要就变得极为重要。

20 世纪 90 年代有一部票房非常高的电影，获得了多项奥斯卡大奖，中国也引进了这部影片，并将片名翻译为《沉默的羔羊》。其实，它正确的译法应该是《羔羊们的沉默》（*The silence of the lambs*，是一部心理片，片名有其特殊含义）。

在这部影片中，男主角是一个精神病医生，但也是一个精神病患者、食人魔、变态杀人犯。他作为重刑犯被关在监狱的单间里，房间里没有窗户，他看不到风景，也见不到阳光，更不能与他人来往。

在他服刑期间，联邦警官遇到了另外一桩棘手的连环杀人案，因为连环杀手往往都是精神变态者，所以联邦警官来到监狱，向这位精神病犯人求教。这位精神病犯人提出了一个要求：要我帮忙可以，但必须给我换个房间，换一个有窗户、能看见阳光的房间，而且要有电视，每天都有报纸。

为什么他会提出这些要求？

因为监狱针对重刑犯的一项惩罚，就是将其关在单间里，切断其与外界的一切联系。一个人若没有了正常的社会交往，就等于被剥夺了人的社会属性，这是一种非常严酷的惩罚。

由此可见，保持正常的人际关系对一个人维持正常的生存有多么重要，哪怕只是看看报纸和电视，了解一下外面的事情，也比什么都没有强。

在日常生活中，一个人如果经常遭到社会拒绝，遭到同事、同学、周围人的排斥，那么他会感到非常痛苦。孤立，就是对人性的一种折磨。

社会关系和社会交往是人们生存与发展所必不可少的"保健因素"，也是人们认识社会、体验人生、完善自我的重要途径。从出生起，人们就生活在各种各样的社会关系中，与自己的父母、亲戚、朋友、同事等不断互动，并通过这些互动逐渐完成身体发育、形成心智模式。一旦脱离了社会关系，离开了周围的环境和熟悉的人，人的生存就会受到极大的挑战。

印度一个关于"狼孩"的真实故事，也说明了这一点。

在 20 世纪 20 年代，印度一个村子里的村民在打死一头野狼后，在狼窝里发现了一名由狼喂养的七八岁的男孩。获救后，男孩被送入孤儿院抚养。但孤儿院的养育人员很快发现，这个男孩的生活习性与狼一样，如用四肢行走、害怕火光、用牙齿撕咬着吃东西等，而且他不会说话，只会像狼一样引颈嚎叫。尽管养育人员努力地教他人类的生活方式，教他说话、认字，但用了 7 年的时间，也只教会了他几十个单词，他的智力只相当于两三岁的孩子。

人一旦离开社会，离开周围的关系，就会失去人的特性。就像案例中的狼孩一样，因为从小和狼生活在一起，没有经过人的社会化，也就很难成为人类社会中的一员。这些都充分说明了人际关系和人际交往的重要性。

人与人之间的交往和关系是联结人类社会的纽带，也是推动人类完成许多生活程序的手段和工具。任何人都必须与人交往，必须拥有自己的人际关系，这样的人生才是真正有意义的、完整的人生。如果人一直处于孤独的情境中，很有可能会经受不住精神压力，甚至导致人格的扭曲。

离开了社会关系，人就会失去人性。

第二节　人际关系的内涵与意义

美国著名人际关系学大师、西方现代人际关系教育的奠基人戴尔·卡耐基（Dale Carnegie）曾说："成功来自 85% 的人际关系，15% 的专业知识。"

一个人的生活、学习、工作都离不开与他人之间的关系，也离不开他人的帮助。三国时期的刘备，原本是个其貌不扬，靠在大街小巷卖草鞋维持生活的小商贩，但他却是个善于经营人际关系的高手，使自己的麾下聚集了关羽、张飞、赵云、黄忠等虎将，还得到了徐庶、诸葛亮、庞统等杰出人才的倾心辅佐，最终联吴抗曹，成就了三足鼎立的霸业。

可见，人际关系的质量既是个体社会适应能力的综合体现，也是个体事业发展与成功的重要保障。

那么，人际关系是怎样影响我们的生活呢？我们对于所要交往的人又有哪些要求呢？

接下来，我们一起看一下。

人际关系的内涵

人际关系的内涵，就是人与人之间在社会活动过程中所形成的心理上的关系或心理上的距离。人在社会中不是孤立存在的，人的存在也是各种程度的关系共同发生作用的结果。人们正是通过与别人建立关系、发生作用而不断发展自己，实现自己的价值。

为了界定人际关系的内涵，评定人际关系的密切程度，心理学家进行了大量的研究分析，找出了人际交往中人际关系的六个重要指标。

1. 了解

了解是人际关系的认知要素。如果你对一个人十分了解，对方也了解你，你们甚至了解对方的个人隐私，就说明你们的关系非同一般。而对彼此充分了解，也有助于在真正了解的基础上相互接纳，为关系的认知质量奠定基础。

2. 关心

关心是人际关系重要的情感要素。关心是指在情感上爱护对方、呵护对方、关怀对方。这可以奠定人际关系的情感质量。

3. 相互依赖

相互依赖是指双方彼此依靠、互相需要、互相影响，每一方都会给另一方提供帮助和支持。这决定了人际关系的行为动机的质量。

4. 一致性

一致性是指交往的双方在一些重要的方面有多大程度的相似性或相同性。比如，双方的生活观、价值观和人生观的相似性越大，一致性就越高。我们常说的"你中有我，我中有你""同坐一条板凳"等，指的就是一致性。一致性奠定了人际关系的价值观与信仰方面的基础。

5. 信任

双方彼此信任，都相信对方可以尊重和善待自己，相信对方会做出对自己有益的事情，对方做任何事都是出于善意，而不会给自己带来伤害。这种信任有助于化解危机，消除猜忌，使彼此之间能够坦诚相待。

6. 忠诚

高质量的人际关系能够经得住考验，一方可以为另一方的最大利益努力付出。即使遇到巨大的困难，也绝不会背叛对方。

在人际关系中，如果你在以上六个方面表现得好，你的人际关系质量就会很高。如果你想考验一下自己与周围人之间的关系，也可以通过以上六个方面进行审视。

下面有七组图片，可以用来检测自己与他人的关系（见图6-1）。

每组图片都由两个圆圈组成，其中一个圆圈代表你自己（即自我），另一个圆圈代表广义上的他人，两个圆圈的位置关系均不同。

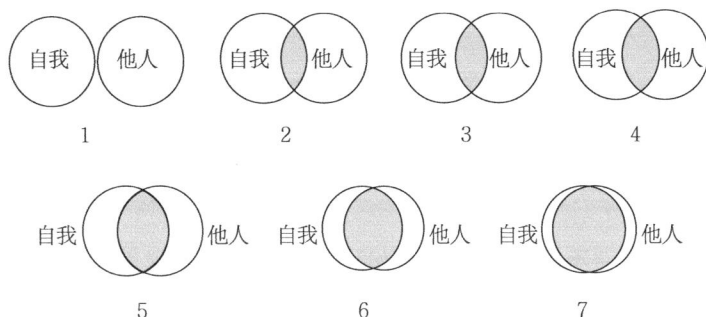

图 6-1　人际关系密切程度图

在第一组图中，两个圆圈是并列的，没有任何交集，你是你，他是他，这表明自我与他人之间几乎没有什么关联。从第二组图开始，代表自我的圆圈逐渐向右移动，并与代表他人的圆圈有些重叠，这表明自我与他人之间的关系变得越来越密切。到了第七组图，代表自我的圆圈与代表他人的圆圈几乎完全重叠，这表明自我与他人之间已经具有非常密切的人际关系了。

现在，请你从上面七组图片中选出一组你认为最能代表你和他人关系的图。你对于以上图片的选择，就代表了你与周围人总体的关系质量，当然，你也可以据此考量你与周围最亲密的人的关系质量。然后，你就可以从了解、关心、相互依赖、一致性、信任和忠诚六个方面进行分析，看看自己的人际关系怎么样。这也可以帮助你理解，为什么你与某个人那么投缘、那么亲密，而与另一个人经常闹矛盾，经常有分歧或冲突。

当然，人与人之间总是有差异的，就像世界上没有两个人是完全一模一样的。两个个性完全不同的人相处，人际关系可能会相当复杂，想建立良好的人际关系绝非易事。

你的天空不是我的归宿，正如我的寒舍不是你的温室。

人际关系的意义

人际关系对于个体的各个方面都会产生重要影响，甚至直接成为个体心理健康、工作成功和生活幸福的重要条件。

那么，人们对人际关系都有什么样的预期呢？对他人又会有哪些要求呢？

弄清这些问题，对于我们更好地解读人际关系的意义十分重要。我们不妨逆向思考一下这些问题，先看看人在与机器人的互动关系中有哪些特点，然后探讨真实的人际关系的价值。

2022 年，《营销学杂志》（*Journal of Marketing*）第 9 期刊登了一项有趣的研究，研究试图考查人们与聊天机器人的互动对客户有什么样的影响。

首先，研究人员设置两类机器人，一类机器人看上去长得像机器，拟人度很低；另一类机器人拟人度很高，有人的形状、人的五官，类似我们在一些大型商场、银行里常见的那些为顾客提供自动化便捷服务的机器人。正如大家所知，目前的聊天机器人智能化水平有限，不能解决顾客的所有问题，有时遇到问题还得人工服务。

研究人员想知道，当顾客遇到麻烦，怒气十足，聊天机器人却非常理性地、缺乏人性温度地与顾客聊天，但无法满足顾客需求时，会导致什么样的结果。为此，研究人员招募了一批志愿者，将其随机分为两组，一组与拟人度很低的机器人对话，另一组则与拟人度很高的机器人对话。结果发现，顾客在遇到机器人无法满足他们的需求、无法解决他们的问题时，会对拟人度更高的机器人表现出更强烈的愤怒和更多的不满，对这款机器人所属公司的整体评价会更负面，后续购买意向也更低。

这说明，当机器人的拟人度很高，甚至有了人的形状时，人们似乎更把它当作真人来对待，希望它不仅有智慧，还有同理心；不仅能解决自己的问题，还能关注自己的情绪，而不是冷冰冰地只会提供数字化的服务。相反，人们对那些拟人度很低的机器人并不会表达过多的愤怒，因为人们知道，它只是个机器，智能有限，更不通人情。

通过这项研究，我们就能反观人对于人际关系的期待主要涉及两个核心要素：一个是能够理解自己的问题，并帮助自己分析信息、解决问题，具有一定的智慧；另一个是能够理解自己的情绪，能为自己

提供情感支持，甚至能安抚人、关怀人。二者合起来就是我们常说的
"通情达理"。这说明，人是一种特殊的社会性动物，既有理智，又有
情感。好的人际关系，必须同时满足理智与情感这两个核心要素。

微软创始人比尔·盖茨曾说："一个人永远不要靠自己花 100% 的
力量，而要靠 100 个人中每个人花 1% 的力量。"拥有良好的人际关系
就如同杠杆一样，用我们的一己之力，调动和发挥与我们具有某种关
系的人的智慧和力量，从而不断强化自身的能力，既能帮助我们解决
各种各样的问题，又能化解我们在生活、学习和工作中产生的各种不
良情绪，促进我们的身心健康。

理是根，情是缘，情理相加胜于天。

第三节　纳什均衡的启示

人的一生必然要与其他人产生联系，维系人与人之间的关系也成为每个人人生中的重大议题。人与人之间是合作关系还是竞争关系，是维护集体还是保障个人，这些问题每天都会出现在我们的生活中。

那么，我们该如何处理这些复杂的人际关系呢？

对于这个问题，很多人可能会想起一句话："没有永远的朋友，只有永远的利益。"但事实真的是这样吗？

在有些情况下，我们并不能基于利益来考量人际关系，并且单纯地基于利益来考量人际关系还有可能损害自己的利益。这就是纳什均衡（Nash equilibrium）带给我们的启示。

纳什均衡又称非合作均衡，是博弈论的一个重要术语，以提出者约翰·纳什（John Nash）的名字命名。约翰·纳什是美国的一位天才数学家，他出生于 1928 年，父亲是电气工程师，母亲是教师。在 17 岁时，纳什以出色的数学成绩考入了卡耐基理工学院，即现在的卡内基梅隆大学。19 岁时，教授为纳什写了一封研究生入学推荐信，称他为数学天才，而他同时获得了哈佛大学和普林斯顿大学两所知名学府的录取通知书，最终他选择在普林斯顿大学开启自己的博士研究生生涯。这一年，纳什只有 20 岁。

在大学二年级时，纳什突发奇想，写了一篇关于博弈论中特殊均衡现象的论文，后来被称为"纳什均衡"，并发表在《美国科学院院刊》上。这篇论文只有340字，却对博弈论做出了重要贡献。1994年，因为在该领域的卓越贡献，纳什获得了诺贝尔经济学奖。

纳什均衡说的是这样一种现象：在某种条件下，互相竞争的人都会陷入一种状态，博弈的任何一方都无法单独地改变现状，使自己的利益最大化。假如有两个人博弈，每个人都有A、B两种选择，规则如下：

如果两个人都选A，那么每个人各得2分；

如果两个人都选B，那么每个人只能各得1分；

如果其中一个人选A，另一个人选B，那么选A的人得0分，选B的人能得到3分。

总结一下，任何一个人想要使自己的利益最大化，使对方的利益最小化，他就会希望自己选B，而对方选A，这样自己就可以得3分，而对方得0分。但是，如果对方也是这样想的，那么每个人实际上都会选B；如果双方都选了B，那么每个人就只能各得1分，两个人的收益总和也只有2分，这还不如每个人都选A而各得2分。

假设双方都选了A，那么有一方为了使自己的利益最大化，就会改选B，因为这样他就可以得3分，而对方得0分。但是，如果另一方也是这样想的，也会做同样的动作，即改选B，而让对方选A，那么双方就又会陷入都选B的情景，最后也只能各得1分。不过一旦双方陷入这种情景，任何一方都不能单独改变选择以使自己的利益最大化，如果任何一方改选 A，自己就会得 0 分，而对方得 3 分。那么这时谁都不能改动，最后陷入"僵持"状态，也就是均衡状态。

换句话说，如果双方都追逐利益最大化，那么最终会使自己陷入一个并不理想的状态，无论个人收益还是双方收益之和，都不是最大化的。这就是损人不利己行为的后果。除非双方合作，大家都选 A，这样每个人能各得 2 分。相对来讲，这样的选择至少能让每个人的收益都增加，双方的收益总和也是最大化的。

纳什均衡的这一发现，挑战了亚当·斯密（Adam Smith）理性经济人的古典经济学假设，提出了人的心理在博弈中的重要作用。这也提醒我们，在处理人际关系时，不能唯利是图，更不能把人际关系当成纯利益关系来处理，否则就会得不偿失，个人利益和共同利益都会遭受更大的损失。同样，这也证实了一个道理：人的贪念会受到规则的制衡。

著名作家木心说："你不是省油的灯，我也不是省灯的油。"的确，每个人都是独一无二的，都有着自己不同的人格特质，也都有自己的利益诉求，因此人与人在相处过程中难免会发生冲突。但是，如果每个人都只顾自己的利益，而不顾其他人的利益，结果往往是两败俱伤。因此，我们在处理人际关系时，一定要了解一个重要原则：世界上并不存在一个使你的利益最大化的必然途径，有时放弃小我，达到双方共赢，才是最佳的策略。

第四节　应对冲突的原则

我们经常说："有人的地方就有江湖。"这句话说得很委婉，说得直白一些，就是"有人的地方就会有冲突"。不同背景、不同性格、不同价值观的人在一起交往时，很容易产生分歧，发生冲突也在所难免。比如，要求苛刻的领导、挑剔的客户、强势的配偶、固执的同事等，都可能成为与我们发生冲突的对象。

冲突是我们人际交往中不可避免的一部分。从心理学上说，人际冲突通常指的是人际关系中出现的分歧和对立。它可能表现为目标的冲突、利益的冲突、权利的冲突、资源分配的冲突，或者方法与观念的冲突等。这些冲突既体现在人们的感知上，也表现在人们的行动上。

不过，无论表现为哪种冲突，一旦它出现，很多人都容易陷入其中而无法自拔，也不懂得如何巧妙化解，最终不仅令自己身心俱疲，更令周围的人际关系千疮百孔。

因此，我们应该正确认识人际关系中的冲突，掌握应对冲突的原则和艺术，用更积极、更有益的方式来化解冲突。

了解他人促进真诚

2022 年，《自然》（*Nature*）发表的一篇文章中提到了一个有趣的现象：如果你了解了当地派出所民警的一些个人信息，如他喜欢吃什么、喜欢哪支球队、有哪些业余爱好等，那么当这位警察向你调查了解一些问题时，你会不会对他更加诚实呢？这篇文章还介绍了心理学家对这一问题进行的一系列研究情况。

研究者把一些社区居民随机地分为两组，然后向其中一组居民发放宣传单和卡片，上面介绍了负责该社区警察的个人信息，内容主要涉及饮食爱好、体育爱好、日常生活爱好等，当然不涉及个人隐私。其实在大多数情况下，人们也很乐意和别人分享这些个人信息。但对于另一组居民，并没有收到这样的宣传单和卡片，换言之，这些社区居民对当地警察的个人信息一无所知。

随后，研究者对两组居民进行访谈调查，结果发现，相比于不了解警察个人信息的居民，那些了解了警察个人信息的居民在随后的调查中会对警察更加诚恳，也会主动承认一些自己做过的违规违法的事情。不仅如此，在之后两个月的跟踪对比中发现，事先了解了警察个人信息的这些居民的犯罪率也更低。

这种现象反映了人际交往的互惠原则：如果你了解了别人的某些信息，那么你会觉得自己也应该向别人披露一些自己的信息；你甚至会觉得，对方好像已经知道了自己的一些信息。这就促成了一个事实：

如果你了解了陌生人的一些详细信息，你也会更倾向于对陌生人坦诚地披露自己的一些信息。换句话说，对于你所了解的人，你会表现得更加诚实，更不容易说谎，也更不容易做出伤害对方的事情。

这项研究就解释了当发生人际冲突时，基于社会互惠原则的人际关系是怎样运作的。基于这一原则，当发生冲突时，如果我们可以了解对方更多的个人信息，那么我们也会向对方披露更多的个人信息，以达成互利互惠，促使互相了解和坦诚相待，从而进一步化解矛盾，提高人际关系的质量。

与此同时，人际互惠与利益均衡也是密切相关的。如果双方都做了对彼此有益的事情，就会实现双赢；相反，如果一方做了对对方有害的事情，那么另一方就会报以惩罚。

这一研究证实了这样一条规则：人类会天然地、本能地、自发地根据互惠原则行事。在你有机会了解到对方的个人信息时，你会自发地觉得自己有义务对对方更坦白、更诚实。基于这一本能反应，你也觉得对方会更了解你的个人信息，也就不再深陷于冲突。

除此之外，还有很多研究证实了以上的观点。其中有一项实验，研究人员招募了志愿者在网上做测试。研究人员首先告知志愿者，他们每个人在线上都有一个搭档，一起进行成对测试，其实这个所谓的搭档是虚拟的。然后，研究人员先让志愿者回答三个关于个人生活的多项选择题，再把他们随机分为两组，其中一组可以看到自己的搭档对相同的选择题做出的回答，另一组则看不到。之后，所有志愿者都被告知其搭档试图猜测他们的答案。

接下来，研究人员又让这些志愿者评估其搭档在多大程度上了解他们。结果发现，事先看到搭档的答案的志愿者，相比那些什么都没看到的志愿者，认为搭档更加了解自己。

这个结果也揭示了存在于人们内心的一种内隐的假定，即你如果了解对方，那么你也更倾向于认为对方也了解你。

在第二项实验中，研究人员要求志愿者写下五个关于自己的陈述，其中四个是真实的，一个是虚假的。同样，他们也被告知其各自有一个在线搭档会一起完成这项在线任务。然后，研究人员将志愿者随机分为两组，其中一组能看到其搭档写下的五个陈述，另一组则什么都看不到。随后，研究人员让志愿者评价其搭档猜对自己写的虚假陈述的可能性。结果发现，首先看了搭档五条陈述的那组志愿者更倾向于认为他们的搭档能猜对。

更有意思的是，在第三项实验中，志愿者被随机分为两组，其中一组事先看了其搭档的相关信息。实验结果显示，相比于事先没有看到搭档相关信息的志愿者，事先看到搭档相关信息的志愿者更有可能对随后的提问做出坦诚的回答。

这些实验结果表明，你越是了解别人，就越觉得别人也了解你，由此你也会对别人更诚实，更愿意与对方合作，而不会轻易与对方发生冲突。

因此，要想避免冲突出现，建立良好的人际关系，我们就要主动地了解他人，同时也让他人了解自己，最终实现双方互惠互利。

人际了解是促进真诚、化解矛盾的黄金通道。

应对冲突的五种方式

有些时候，尽管我们了解了对方的大致情况，也知道互惠才能共赢的原则，但毕竟大家对很多事情的看法或利益侧重点不同，所以还是容易陷入人际冲突，不能很好地解决问题。

在集体或合作关系中，人际冲突很常见。比如，有一方不得不从事与自己利益不符的活动；或者双方都竞争短缺的资源，并且可能都得不到满足；或者其中一方的态度、价值观、目标和处事方式不为另一方所接受……这些都有可能导致冲突的产生。

那么，我们怎样应对这些冲突呢？

心理学家发现，每个人都会形成自己独特的应对冲突的方式。了解这些方式，将有助于人们在生活中知己知彼，以恰当的方式成功、高效地应对冲突。

简单来说，人们在面对人际冲突时，往往会产生两种不同的关切点：一种是关心自身利益；另一种是关心对方利益。根据关切程度的不同，大致可以分出五种不同的应对冲突的方式，分别为支配、整合、妥协、忍让和回避（见图6-2）。

高

支配		整合
	妥协	
回避		忍让

关心自身利益

低　　　关心对方利益　　　高

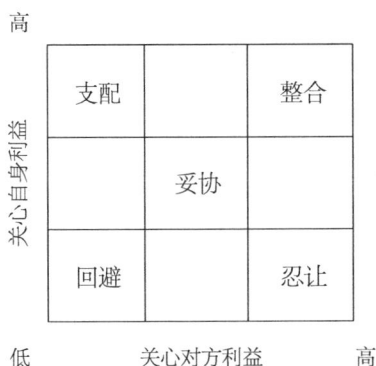

图 6-2　人际冲突应对方式类型图

1. 支配

这种方式是只关心自己，只考虑自身利益，不关心对方利益。有时为了达到自己的目的，还会无视对方的利益，或者企图牺牲对方利益来换取自身利益。所以，这种方式就是以"我赢，你输"为出发点的策略。

在工作中，我们经常看见支配方式的存在。比如，当冲突涉及重要的事情并亟待解决时，或者双方关系并不牢靠时，以及上级在处理紧急问题或者针对一些非常不配合工作的下属时，就会采取这种方式。如果长期使用这种方式应对冲突，则容易引发他人的敌意或怨恨。

2. 整合

这种方式既关心自身利益，又关心对方利益。它以解决问题为导向，以达成双赢为目的，是一种高度合作的方式。

通常，整合是冲突管理中最有效的解决问题的方式。当双方拥有共同的目标，并且需要深度经营双方的关系时，就可以用整合的方式处理重要但不紧急的复杂问题。

需要注意的是，整合的前提是双方都具有开放心态，可以互相交流相关信息，寻求多种途径的解决之道，最大限度地兼顾双方的利益。此外，当双方各自掌握不同的技术、信息和资源，只有通过合作、互补才能寻找共同的解决途径时，整合是最常见的方式。

3. 妥协

这种方式在一定程度上既关心自身利益，也关心对方利益，但每种关切的程度都不高，都打了折扣。与整合方式不同的是，妥协强调双方享有同等权利，都做出让步，以达成互利共赢的目的。

通常来说，妥协的前提是双方有着共同的目标，并且都有充裕的时间。在谈判中，人们一般会采取一定的妥协策略。当问题的重要性一般，但很复杂，一时没有简单的解决方法，而且双方对问题的不同方面感兴趣时，努力达成妥协就是最恰当的处理冲突的方式。

4. 忍让

这种方式以维系双方的关系为导向，目的是消除异议，促进和谐。在有些情况下，它可能是一个只考虑对方利益而忽视自身利益的合作方式，更多地表现为委曲求全。

当双方首要考虑的因素是经营关系，且处理普通问题时，或者自己这一方不太了解问题，但时间紧迫需要快速做出决策时，忍让就是解决冲突的最适当的方式，也就是把支配和决定权都交给对方。由于需要维护合作关系，所以自己先后退一步，放弃某些利益，以换取在自己有需要时对方能给予回报。不过，长期使用这种方式容易导致自尊方面的问题。

5. 回避

这种方式既不关心自身利益，也不关心对方利益，通常表现为置身事外，不闻不问，最终导致双输的结果。

回避也有其特殊的使用场景。比如，当人们不需要对冲突的问题负责时，就会置身事外；或者当参与其中会导致成本大于收益，并且还会引发很多后续问题时，也会采取回避的方式应对冲突。但回避的方式用多了，就会让人感觉你缺乏责任感，做事总想逃避。

关于以上五种应对冲突的方式，在此举一个例子加以说明。假设某公司要选拔一位产品部经理，人事总监向公司董事长推荐在这方面颇有经验的小李，董事长却想推荐刚刚入职且专业对口的小张。双方沟通后，没有达成一致意见。之后的一个月，人事总监便对这件事闭口不谈。（回避策略）

有一天，董事长又找到人事总监谈这件事，但双方依旧坚持自己的意见。最后董事长提出，可以让两人轮岗，每个人在这个职位上干一个月，干到年底，看谁干得好，再决定由谁担任这个工作。（妥协策略）

第一个月是小张先上任，小李知道后很不服气，就找到小张，告诉小张自己努力多年一直在等这个机会，大家对自己的期待也很高，因此希望小张能主动退出。（支配策略）

小张考虑几天后，觉得小李比自己更适合这个职位，于是主动提出把这个位置让给小李。（忍让策略）

人事总监和董事长知道这件事后，决定分别找小张和小李谈谈，希望他们说出自己的职业规划和意愿。通过谈话了解到，小张不愿意担任这个职位，而小李又很想在这个职位上发挥自己的才能，且小李的能力也胜任这个职位。最后，小李顺利获得了这个职位，小张则被安排到另外一个更适合他的岗位上。人事总监和董事长对这个结果都很满意。（整合策略）

在解决冲突时，具体采取哪种方式，需要因人因事而异。不同的人会使用不同的方式应对冲突；即使是同一个人，也会采取不同的方式应对不同的冲突。无论在生活还是工作中，我们都会根据不同的场景选择不同的方式来应对冲突，该下命令时下命令，该忍让时忍让，该协商时协商，该妥协时妥协，该回避时回避。如果无法做到双赢，那么至少应该做到利大于弊。

在生活中，每个人都需要扮演多重角色，因而也会处于不同类型的关系。这就要求我们根据不同的角色和关系类型，选择不同的应对冲突的方式和原则。在人际交往中，有冲突不可怕，可怕的是不知道如何恰当地处理冲突。为人处世是一门复杂的学问，想要完全掌握并不容易，对此，我借用几何学的图形来类比处理人际关系的基本原则：

做人要像方形，端庄正直有原则。

待人要如圆形，圆融和谐，不要太有棱角。

帮人要当梯形，助人为乐，成人之美。

助人要做多边形，广结善缘，拓展人际关系。

成人要像八棱柱，稳重可靠有担当。

爱人莫效三角形，不介入他人关系，缺位成人之美。

总之，人的生存和发展都离不开人际关系。能够相互了解、相互依赖、相互信任和忠诚，并能够为对方的利益做考虑的人，往往更容易与他人建立亲密的人际关系；反之，则容易与他人产生矛盾或冲突，从而影响人际关系。因此，我们要积极掌握应对人际冲突的方式，与他人建立良好的人际关系。

第七章

领导力

第一节　领导者的心理安全感

在名著《水浒传》中，最早在水泊梁山上占山为王的是王伦，王伦后来为什么被砍头了呢？

原因就是王伦缺乏心理安全感，嫉贤妒能，容不下比自己有本事的下属，更看不得别人的本领比自己强。比如，"豹子头"林冲上山时，王伦不想接纳他，只是那时林冲是个流亡犯，正在被官府缉拿，一时对王伦构不成太大的威胁。而且林冲还曾是 80 万禁军教头，一身好武艺，能为山寨带来实际的好处，所以王伦才收留了他。

但是，等到晁盖一行人劫了生辰纲，来到水泊梁山，王伦心里就直打鼓：这么一大群人，又有本事又有钱，自己的地位还能保住吗？王伦私下里对兄弟们说的一句话，就暴露了他的内心世界。他说："凡是强过我的人，一个都不能留。"

这就是王伦缺乏心理安全感的表现，总是害怕自己地位不保，怕别人夺了自己的头把交椅。他容不下别人，那么别人也就很难容下他，更不会追随他、拥戴他的领导地位。如此，悲剧便发生了。

领导者一定要有心理安全感，否则就会整天心神不宁，寝食难安，生怕自己地位不保，这样肯定是做不好领导的。要想获得心理安全感，通常有两个途径：一个是要有自尊；另一个是要有依靠。其中，自尊来自恰当的自我评价和自我接纳，不管自己现在是一个什么样的人，都能坦然面对自己、接纳自己、拥抱自己，从容地面对人生；依靠，则是要打造自己的关系网络，要团结一些人在自己的周围，使他们成为自己忠实的追随者，关键时刻能够指得上、靠得住。

需要注意的是，自尊和依靠之间是相互关联的。低自尊的人，在打造自己的朋友圈时，总习惯找比自己差的人，因为他们不能接受比自己强的人，认为强人会把自己比下去，让自己更没有安全感；而找比自己差的人，才能衬托出自己的能力，让自己得到心理安慰，就像梁山泊的王伦一样。但是，这样就会造成"武大郎开店，一茬比一茬矬"的现象，所建的团队中没有一个能做成事的。

相比之下，高自尊的人则喜欢和强人打交道，乐于将强人拉到自己的周围，使自己变得更强大。比如刘备，他自己的武艺虽然一般，但手下有"五虎上将"，每一个都武艺高强，都比他厉害，但都能为他尽忠职守，死心塌地地跟着他打江山。

由此也可以看出，领导者能够真正树立威信，打造自己的影响力，关键并不在于自己有多大的本事或技能，而在于其人格、心胸，以及对待周围人的方式。想要成大事，自己有什么固然重要，但更重要的是周围的人有什么。以义聚人，以德服人，这就是领导者赢得人心的关键。领导者要靠自己出色的人格和格局，团结一批人才，依靠有本领、有能力的下属，才能做成大事。因此，领导者所拼的并不是某个具体的本事和能力，而是凭借自己的人格和格局获得有才干的下属，以及与下属建立良好的人际关系。

第二节 领导－下属交换关系

关于领导者与下属之间建立人际关系，管理心理学和领导学中有一个理论叫"领导－下属交换关系"理论（leader-member exchange theory），很有影响力。这个理论是在 20 世纪末被西方学者提出的，但当时关注它的人并不多，一直到 21 世纪初才得到深入研究，开始发挥影响力。

从字面意思看，领导－下属交换关系是指领导者要打理好与下属的关系，双方进行社会交换。但是，这不太符合当时西方传统的管理理念，反而更符合东方文化强调社会关系属性和人际关系的主张。这也许就是该理论最初被埋没的一个主要原因。

随着组织的现代化演变，知识经济的迅速发展，员工的文化水平也在不断提高，越来越多的工作开始基于脑力劳动而产生，所以，员工关怀也变得越来越重要。针对脑力劳动者的管理方法，与针对体力劳动者的管理方法是截然不同的。对于传统的体力劳动者，管理者甚至不用考虑他们有什么感受和思想，靠制度、规则就可以制约他们的行为，让他们照章办事就能提升生产力。但脑力劳动者不同，他们靠脑力劳动创造财富，对于他们大脑中想什么，领导者是看不见、摸不着的，领导者也不知道他们有没有尽自己最大努力去思考和创造。在这种情况下，想要脑力劳动者自觉地付出努力，就需要领导者与其建立良好的关系，能够真心关怀、体恤他们，密切联系他们。

不过，这个理论最早并不是这样有人文关怀意味的。它最初的内容是：领导者要经营好与下属的关系，并与下属形成两种类型的关系，一种是角色内关系，一种是角色外关系。

角色内关系

角色内关系是指上下级之间照章办事，按照契约工作，工作角色怎么规定，领导者和下属就怎么做。领导对待下属，按照公司的流程进行，依据现成的制度脚本来处理。

这种角色内关系可以理解为纯粹意义上的工作关系，甚至是经济关系。下属用一份劳动换取一份报酬。

角色外关系

角色外关系是指上下级在工作角色之外形成的额外人际关系，这种人际关系主要指情感关系。换句话说，下级对上级表现出忠诚，而上级对下级则表现出关怀。这种关系是超越工作角色的，不是公司制度和契约所规定的内容，是领导者与下属之间在工作关系之外额外形成的情感关系。不难想象，这种关系一旦形成，在领导者和下属之间就有了一定的情感纽带，关系也更加牢靠。

角色外关系不是由合同内白纸黑字构建的理性关系，而是带有丰富的情感内涵，所以也会使人际关系的质量更高。在一些关键性的时刻，双方甚至都愿为对方付出，从而实现互惠和交换。例如，在《水浒传》中，李逵愿意为大哥宋江两肋插刀、肝脑涂地，两个人形成的就是一种角色外关系。

领导 - 下属交换关系理论简单、直白又实用，可以帮助领导者经营自己的关系圈。在现代职场中，领导者要想和下属建立起更高质量的关系，就要不断扩展自己的角色外关系，与下属形成密切的情感联结，想下属之所想，急下属之所急。根据社会互惠理论，下属也会更多地回报上级、追随上级，努力工作，忠心耿耿。反过来，这个理论也可以分析下属与领导者之间的关系。

领导过程是个将心比心、以心换心的过程，影响力便由此而生。

第三节　职场中的向上影响

大家都听过魏征直言上谏的故事。唐太宗李世民登基之前，魏征曾辅佐李世民的竞争对手太子李建成，但李世民登基后宽宏大量，不计前嫌，对魏征加以重用。魏征很有治国之才，对治国理政颇有见解，能够大胆直言，并公正处事，深得李世民的赏识和器重。李世民甚至经常把魏征请到自己的内室，私下里一对一地攀谈请教。在这期间，李世民曾问魏征："什么是明君？"魏征答："兼听则明。"李世民深表赞同，而这句话也成了魏征的压舱之宝和大胆谏言的护身符：若要做个明君，你就要听我的谏言，广开言路，否则就是昏君。可以说，这句话为魏征的向上影响奠定了理论基础，也把李世民推上了道德高位，使李世民不听都不行，除非他不想做明君了。

在职场中，每个员工都渴望领导者能够倾听自己的声音，满足自己的愿望。但是，怎样才能做到这一点呢？关键在于，你要问问自己：公司有那么多员工，为什么领导者偏偏会接受我的影响？我有哪些与别人不一样的地方吗？

这就提醒我们，想要成功影响领导者，必须具有一定的策略。根据互惠原则，我们需要认真想一下，自己都做了什么事情，值得领导者倾听我们的声音？

一般来说，想要成功实现向上影响，员工必须具备四张王牌：德、能、勤、绩。打好这四张牌，员工才有可能获得向上影响的资本。

德：保持良好的工作声望

俗话说"德高望重"，做人做事德行好，才会得到别人的尊敬和爱戴。关于"德"的内涵，孔子曾说："中庸之为德也，其至矣乎！"大意是说，中庸之道是一种德行，而且是至高的德行，主张处事端正，不偏不倚。宋代思想家、教育家朱熹在《论语集注》中写道："品节祥明德性坚定，事理通达心气和平。"

从古代先贤流传下来的这些语句中可以看出，有德的人做事端正，不偏袒，为人处世都值得信赖，很诚恳；有德的人光明磊落，不耍小心眼，也不搞小动作，更不会背后给人使坏；有德的人不贪不枉，"见得思义"，明事理，晓大义；有德的人会让人觉得是很好的工作伙伴，与这种人工作会觉得很舒服，不会感到别扭。

在职场中，"德"的主要表现是遵守制度，恪守规章，做道德的楷模；维护群体秩序，助人为乐；维护道义，捍卫组织公正；当领导者和同事遇到困难时，积极提供帮助，提供社会支持；做让领导者省心的员工，而不是团队中的问题员工。

在职场中保持良好的工作声望，是一件时刻需要注意并付出努力的事；而做一个让大家感到舒服和值得信赖的人，也是一件非常重要的事。对一个人在职场中的生存与发展来说，这些都是要点中的要点。

小事不计较，大事不含糊。

能：善于搞定工作中的难题

有能力是指有知识和技能，掌握了解决问题的方式方法；面对有难度的任务不会退缩，而是选择迎难而上；能够提出好的见解和意见，关键时刻能"露两手"。这样的人往往是能破解难题的人。

有能力的人同样受人尊敬，他们技高一筹，对组织很有价值。比如，戏班里的台柱子、餐厅里掌勺的大师傅等，都很受人尊敬，就连老板都会对他们礼让三分。在企业中，研发高手、销售奇才等，总会令上级另眼相看，十分厚待。

那么，与德相比，能力有多重要呢？

对于这个问题，历来就有很多讨论。有德无能的人，虽然处事端正，但做事很难得到好的结果；有能无德的人，可能是祸害；而无德无能的人，会一事无成。所以，人们自然希望有德又有能。北京大学有四栋老办公楼，分别以"德才均备"四个字命名——德斋、才斋、均斋、备斋，这就是在强调德行与才能要兼而有之。

现代心理学也检验了这些朴素的认知，并对此给出了科学的结论。

2021 年，著名的《管理学杂志》(*Journal of Management*) 发表了一篇文章，详细报告了一项追踪研究。这项研究是要考查领导者一般都怎样物色和选拔人才，到底看重哪些品质，是人的德行还是能力。弄清楚这一点，对于团队的组建和人才梯队的搭建是非常重要的。

研究者在开学时招募了一群 MBA 学生，把他们随机分为若干小组，并请他们按照课堂要求来完成制定的项目和作业。在这个过程中，每个小组的学生都充分接触彼此，也充分了解彼此。到了学期末，每个学生被要求作为领导者来组建自己未来的工作团队，他们要从自己的学习小组组员中挑选团队成员。为了考查学生们如何展示自己的称职，研究者要求，每个学生在选人时，都必须给出具体的理由。学生们在小组中通过两种方式展示自己：一种是针对解决任务的沟通；另一种是提供社会支持的沟通。其中，解决任务的沟通主要是挑战现状，专注于新的想法和提高任务效率，它主要展示的是个人的能力；提供社会支持的沟通则强调人际关系的建立和信任，这有利于团队凝聚力的提高，被认为是友善和德行的表现。

那么，以哪种方式展示的人会更容易被推举为"领导者"？

研究结果发现，那些既能通过提供社会支持的沟通展示自己的道德影响力，又能采用针对解决任务的沟通展示自己能力的人，最受欢迎也最容易被选中。换句话说，德才兼备的人是最受领导者青睐、最受大家欢迎的人。就像魏征一样，做事公允，不偏私，不袒护，讲话办事有理有据，令人信服；同时又有能力、有才华，可以帮助李世民出谋划策，治理江山，因而得到了李世民的重用，也得到了后人的敬仰。

如果没有遇到德才兼备的人，应该优先选用哪类人才呢？

2010 年，发表在《科学》上的一项研究表明，促成团队集体智力水平最大化的，不是每个人的智力水平，也不是团队所有成员的平均智力水平，而是具有良好的团队沟通规则，以及每个人对他人的社交敏感性和社会支持。

这项研究结果表明，如果得不到德才兼备的人，不得不退而求其次，那么善于提供社会支持的沟通的人会比只善于针对解决任务的沟通的人更受欢迎。实际上，如果你的能力不是最强的，那么你至少要展示出很强的道德品行，这样人们才会觉得你是可以信赖的人。在关键时刻，你至少能为团队凝聚力、团队友好氛围的形成提供支持，因为这对于发挥集体智力是至关重要的。

勤：弥补能力不足，提升工作效率

勤是指勤奋、勤勉，它是与德有关的一个成分，也是员工向上影响的一个重要方式。有一个成语叫"将勤补拙"，意思是说，勤奋可以弥补一个人能力上的不足，提升做事效率。实际上，勤奋本身就是一种重要的工作能力，也是一种能够感动领导的重要途径。

2014 年，著名的《应用心理学杂志》(*Journal of Applied Psychology*)

发表了一篇有趣的文章，证明人们对勤奋有着先天的内在认可。文章报告了多项研究，其中一项研究招募了120名志愿者，并将他们随机分为日出组和日落组，让他们分别处理与日出或日落相关的单词。这些单词缺少字母，因此志愿者要动脑筋把它们补全，而这可以激起他们对日出或日落的强烈印象。

随后，研究者又让这些志愿者做了一个词汇判断的任务：任务中会有30个单词逐次出现，其中10个单词与责任相关，10个单词是没有任何意义的假单词，还有10个单词是与责任无关的中性词。研究者每呈现一个单词，就让志愿者判断一下它是否为正常的英文单词。结果发现，日出组的志愿者对与责任相关的单词反应速度更快，反应时长更短。这说明，人们在大脑中自然地形成了一种本能的连接，"日出""早起"是与"责任""负责"这些词天然联系在一起的。

在另一项研究中，心理学家招募了229对上下级的员工，分别测量了他们上班打卡的时间、领导者感知到的下属的责任感、领导者对下属的绩效评价，以及领导者的每日作息习惯等。结果发现，那些上班较晚的员工，往往更容易被认为是不认真的人，尤其是遇到非常勤奋、上班较早的领导者时。

这项研究的启示是：即便你所在的公司实行弹性工作制，你可以自由选择何时上班，但如果你的领导者是一个每天都早早来上班的人，你最好也早一点到公司，哪怕只比领导者早一点点，你也更有可能被认为是一个更负责、更有上进心的人，从而得到领导者更高的评价。

总之，我们的一言一行其实都在有形无形地影响着别人对我们的判断，影响着领导者对我们的看法。自由是一种选择，但有时候也需要自律。做个勤奋的人，对人对己都有好处。

勤奋是勤奋者的通行证，懒惰是懒惰者的墓志铭。

绩：职场中生存的硬道理

绩是指绩效表现，它也是工作单位需要的最终结果，没有绩效就几乎等于什么都没有。绩效是职场中生存的硬道理。

举个简单的例子，在军队中，你能征善战，能打胜仗，手里攥着一大把军功章，不愁领导不提拔你。

在职场中也是一样，即使你才能出众、认真勤奋，可是不出活儿，拿不出实实在在的业绩，也无法得到重用。

但是，有了绩效也要警惕自己恃才傲物，争功抢赏。心理学中有一个专业术语叫作"归因偏差"，其表现之一，就是领导者与下属之间对于功劳的归因是不同的。通常来说，员工对于自己的成功会倾向于做内归因，领导者对于员工的成功则更倾向于做外归因。换句话说，员工成功了，往往会认为是靠自己的本事，领导者却可能认为员工是靠运气；员工失败了，通常会认为这是环境所致，与自己无关，但领导者很可能会谴责员工无能。由此可见，上下级的归因方向刚好是相反的。这种偏差也是人性使然。

所以，当你做出了成绩，向领导者邀功请赏时，反而可能适得其反。越是想把功劳往自己身上揽，领导者和一些同事越认为你动机不纯。这时，你得相信职场是公正的，公正有时可能会迟到，但应该不会缺席，有时静待花开要比自己主动邀赏更可贵。

当然，在现实中，很多时候我们还是需要直接向领导者表达自己的个人意愿，只是要讲究策略，比如利用"登门槛效应"，也就是为了达成一个大的目标，先提出一个小请求，最后利用小请求慢慢达成大目标。

在一项研究里，心理学家做过一个实验，请求居民在自家院门口放置一个巨大的、字迹丑陋的"安全驾驶"标志牌。结果发现，只有17%的家庭接受了这个请求。随后，心理学家改变策略，请这些居民帮一个小忙，在自家窗户上贴一个只有三寸大小的标志牌，写着"做一个安全驾驶者"。这一次，几乎所有的居民都答应了这个请求。两周后，再请他们在院门口放置那个大而丑陋的标志牌，76%的家庭都同意了。

这项研究的启示是：要让他人接受一个大的请求，你可以设法先让他们接受一个小的请求；一旦对方接受了小请求，再接受一个大请求就会变得自然合理了。

在另外一项研究里，心理学家发现，在游说人们为癌症患者捐款之前，提前一天让他们佩戴一个写有相关宣传内容的广告牌，也会让捐款人数增加一倍。

同理，假如你想让领导者看一份你撰写的厚厚的市场调研报告，从而看到你的工作才能和业绩，那么不妨先让他看一则关于市场波动的短篇报告，这样领导者会更乐于看你的长篇分析报告。因为此时，他一只脚已经踏入门槛了，之后你再把他整个人"请进来"就会顺理成章，更容易成功。

领导者要善于把各种不同的内部、外部资源集中在一起，建立角色内关系和角色外关系，然后带领大家一起实现一个共同的目标。当然，在此过程中，员工要想得到领导的青睐和更多的个人成长空间，就要积极表现出自己独特的优势，如德、能、勤、绩等，这样不但能让自己更好地适应职场，还能通过自己的优势实现"向上管理"，将领导作为自我职业生涯发展的一部分，从而获得更多的资源，让自己的职业发展更顺畅。

第八章

亲子关系

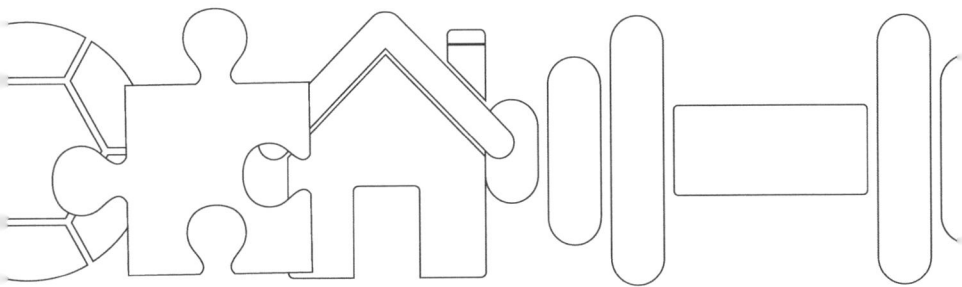

第一节　亲子关系的原始基础：安全依恋

亲子关系最早的基础，就是孩子对父母的亲切感。那么，这种亲切感源自哪里？弄清楚这个问题，对于我们理解和维护亲子关系十分重要。

在哈洛的幼猴实验里，幼猴在遇到惊吓时会紧紧搂住绒布母猴，直到情绪稳定下来，这是因为它在绒布母猴身上体验到了亲密感和生存的安全感。心理学上把这些现象称为情感依恋。

情感依恋是指一个人在婴幼儿时期，特别是 1 ~ 2 岁之前，与最早照顾自己、满足自己生存需要的护理者所建立的情感上的关系，即我们常说的情感纽带。心理学研究表明，这种情感依恋对婴幼儿的身心健康、发育成长非常重要。孩子依恋自己的父母，对自己的父母感到亲切，就是因为父母满足了孩子重要的心理需求，使孩子的衣食住行都得到了很好的照料，情感上得到了很好的关怀。遇到危险有父母保护，遇到麻烦可以指望父母解决，那么，孩子就会信任父母，把父母当成自己的靠山。

有一项著名的研究观察了一些在孤儿院长大的孤儿，以及一些在极端被忽视、被剥夺各种刺激和关爱的环境中长大的儿童的日常状态。这些孩子很少能得到护理者的拥抱安抚，甚至生存需要都得不到及时满足，饿了没饭吃，渴了没水喝，受伤了、疼了、不舒服了也得不到及时的照料。观察结果发现，这些孩子在生理上可能没有太大的问题，但是心理上特别是情感上却出现了极大的问题，经常表现出烦躁，无法与人正常交往，也无法拥有正常的对成人的依恋、与他人的亲密关系，这甚至影响到他们以后的同伴关系、夫妻关系、家庭关系等。这项研究就是从反面证明了培养情感依恋对于一个人成长的重要性。

心理学家玛丽·安斯沃斯（Mary Ainsworth）做过一个著名的实验：陌生情境实验。在实验中，婴幼儿和母亲被带到一个有很多玩具的陌生环境中，母亲会和孩子一起在这里玩玩具；过一会儿，一个陌生人进入这个环境，并设法接近孩子，和孩子玩耍；然后让母亲离开房间，把孩子留给陌生人；再过一会儿，陌生人也会离开，让孩子单独在房间里玩；再过几分钟，母亲回到孩子身边。在这个过程中，实验人员会详细记录孩子所做出的各种反应。

实验人员发现，在实验场景和顺序不变时，不同孩子的表现截然不同。通过大量的观察，安斯沃斯将孩子的依恋类型分为三类。

安全型依恋

安全型依恋的孩子与母亲之间拥有非常亲密的关系，也有很多积极的互动。母亲在身边时，孩子会很自然地玩耍。当有陌生人接近时，孩子会有些紧张，但在母亲的安抚和鼓励下，他们会很快接纳陌生人。

母亲离开时，孩子会紧张焦虑，但很快就能恢复正常。母亲回来后，孩子会有一点小情绪，但很快会转为开心，与母亲有亲密的接触。

拥有这种依恋类型的孩子会相信母亲是存在的，也是关心自己的，不会担心母亲消失。无论母亲在不在自己的身边，他们都能很快适应环境，调整自己的行为。因此，这类孩子日后也会形成良好的人格、积极的处世心态和人际关系。

回避型依恋

回避型依恋的孩子无论母亲在不在他们身边，他们似乎都会忽视母亲，并不那么在意母亲。当有陌生人靠近或者自己接触陌生的环境时，即使母亲试图亲近他，他也没什么反应。

拥有这种依恋类型的孩子会怀疑母亲存在的意义，对母亲失去信任，不认为母亲能给自己带来什么帮助。他们比较孤僻，也回避与人交往，回避陌生的环境。因此，他们日后很可能会形成消极的人格和人际回避，在生活中缺乏探索精神。

反抗型依恋

反抗型依恋的孩子对陌生人和陌生环境都比较反感，对母亲的离开感到非常焦虑不安，也非常抗拒。但是，就算母亲回到他们身边，他们也不会快乐，而是会宣泄不满，表达抗议，抱怨母亲为什么离开自己，他们不能接受这样的现实。

拥有这种依恋类型的孩子日后往往会形成不安全型人格与人际关系，并且会以外显的方式表达消极情绪。

了解了以上几种依恋类型，我们发现，安全型依恋是最适合孩子成长的。那么，我们怎样才能培养安全型依恋呢？平时多陪陪孩子就可以了吗？

事实上，真正能帮助孩子形成安全型依恋的，并不在于父母和孩子待在一起的时间有多长。研究发现，即使是很小就放在托儿所，白天大部分时间都在托儿所里生活的孩子，或者是在大家庭里长大，由其他家庭成员照料的孩子，也可以形成安全型依恋。但在出生的头一两年里被遗弃，或者被剥夺与父母的亲密接触，或者教养质量很差，或者被父母虐待、照料不好，或者父母关系紧张，家庭中总是充斥着争吵和消极情绪等，孩子就会难以形成安全型依恋，这为他们以后的各种心理疾病埋下了祸根。

这就提醒我们，在儿童早期的教养环境中，一定要给予他们高质量的照料和陪伴。在教育心理学中有一个广为提倡的原则：无条件的爱。意思是说，爱是不能讲条件的，不能作为父母管教孩子的筹码，那样的爱就不再是一种情感，而更像一块糖果、一个玩具，随时会被丢弃、会消失，不能产生持久的影响。所以，父母要想保持良好的亲子关系，让孩子与自己亲近，首先就要弄清楚爱到底是什么。

爱是一种无条件的情感。比如，你不能因为孩子听话就爱他，不听话就不爱他；不能因为孩子参加比赛赢了就爱他，输了就不爱他；不能因为孩子考试得了满分就爱他，考砸了就不爱他。简单来说，我们不能把爱庸俗化为一种"奖励"工具。因为爱一旦变成一种工具，就失去了情感的纯洁，反而令人憎恶。

心理学家 B. F. 斯金纳（B. F. Skinner）做过一个训练鸽子的实验，他把鸽子关在一个封闭的箱子里，箱子上有个小洞，鸽子可以通过这个小洞与外界进行互动。斯金纳事先对箱子做了特别设计，使箱中每隔 15 秒就能落下食物。换句话说，不管鸽子在箱子里做出什么样的动作，是做错了还是做对了，每隔 15 秒它都会获得一份食物。结果发现，尽管食物与鸽子的行为之间没有联系，但一段时间后，鸽子好像知道自己做某个动作就能得到食物，因此它们会不断重复某个动作，在不断地成功获取食物的过程中得到快乐。

教育孩子也是如此，我们不能因为他们做错了事就一味惩罚他或者粗暴地呵斥他，这样做根本不能鼓励他继续尝试，反而会让他失去对父母的信任和亲密感。而且，孩子的学习能力有限，最初的失败往往多于成功，如果父母只是简单地惩罚或表达不满，就会导致孩子习得性无助，甚至彻底放弃学习。

更糟糕的是，如果父母时而爱孩子，时而不爱孩子；时而亲近孩子，时而又冷落孩子，孩子就会感到无所适从，不知道父母到底爱不爱自己，也摸不清怎样才能获得父母的爱。为此，孩子就会变得懈怠、漠然、沮丧，甚至变得顽劣，不听从父母的管教，最终父母也失去了孩子的爱。

如果你的爱反复无常，就会把孩子的爱埋葬。

这也提醒我们，在养育孩子的过程中，父母要一如既往地让孩子看到、体会到自己对他的爱。首先，对孩子的合理需求要十分敏感，对孩子的衣食住行要给予良好照料，在孩子生病、不舒服时更要及时处理、耐心照料。其次，要多照顾和安抚孩子，尤其在孩子情绪不佳时，父母的安抚对孩子平复情绪至关重要。此外，平时还要多和孩子一起玩耍，做各种游戏，培养孩子积极的情绪和生活情调。

当然，如果孩子从小就由爷爷奶奶、外公外婆抚养，也可以形成安全型依恋，只是孩子与父母之间的关系可能会没那么亲密。所以在很多时候，并不是孩子不爱父母，而是父母爱不爱或者会不会爱自己的孩子。孩子对父母有多亲，取决于父母对他有多爱。这种关爱表现为及时的、科学的、合理的、多方面的呵护。健康的、安全的情感历程，是孩子一生健康成长的重要基石。

爱是一种投入，而它的投入产出比可以是无穷大。

第二节　亲子关系的底层逻辑：发展的观念

很多父母往往都有这样的体会：在孩子刚刚降临时，会非常欣喜。但是当在养育孩子的过程中出现各种各样的问题、麻烦时，父母又会倍感困惑，甚至疲惫不堪。

实际上，父母与孩子的关系受到孩子年龄的影响。在成长的不同阶段，孩子会表现出不同的特点，也需要用不同的方法来教养，这样才能形成良好的亲子关系，让孩子健康成长。

对应孩子的成长规律，可以将对孩子的教养大致分为三个阶段。

婴幼儿期（0～3岁）

处于婴幼儿期的孩子，生理能力非常有限，生存需要完全依靠父母照料。这个阶段也是孩子大量吸收父母的爱的阶段，父母对孩子的吃喝拉撒能给予及时、周到的照料，对孩子的快乐和痛苦能给予及时回应，孩子就会逐渐建立起一个信念：父母是靠谱的，是爱我的！而且这个信念一旦形成，就会非常牢固，不会轻易动摇。

因此，这个阶段父母对孩子的教养策略就是细心呵护、精心照料，这也是孩子日后信任世界的基础。

少儿期（4～12岁）

处于少儿期的孩子开始慢慢懂事，学习能力不断提高，这时父母要悉心教育，向他们传授各种为人处世的道理，帮助孩子树立规则意识，并在孩子心中树立权威。这个时期，父母往往都是孩子的偶像，孩子经常会以父母的言行作为自己的行为准则。比如，有些孩子经常会在别人面前骄傲地说："这是我爸爸 / 妈妈说的。"这样说话的孩子肯定是很亲近父母的。

因此，在这一时期，父母对孩子的教养策略就是树权威、立规矩，这也是孩子了解世界的基础。孩子从懵懵懂懂到逐渐了解这个世界，接触大量的信息，需要成人的悉心指导，而父母就是孩子的第一任人生导师，引领着孩子了解世界。由于相信父母的权威，孩子也会把父母的教导视为绝对真理。在这一阶段，父母要在教育上多下功夫，并对孩子言传身教，这将会有益于孩子的健康成长。

青少年期（13～22岁）

处于青少年期的孩子会花更多的时间和同伴在一起，也会从同伴那里获得更多的支持，所以向父母寻求建议和支持的时候越来越少。此外，青少年期的孩子也不再将父母理想化，不再相信父母的绝对权威。尤其从青春期开始，孩子体内的激素水平发生变化，开始人生的第二次"断乳"——在心理上与父母"脱离",成为独立的个体。这时,孩子更可能会挑战父母的权威,甚至与父母发生冲突。

这个时期,很多父母都会感到比较纠结,担心孩子会远离自己。其实这种纠结完全没有必要,因为孩子终究要长大,也终究要独立。不能独立的孩子,将来也不会有大作为。所以,此时父母对孩子的教养策略应该是民主和尊重,即学着对孩子放手,帮助孩子更好地学会独立,同时能尊重孩子的想法,大事小事都与孩子民主协商;学着与孩子做朋友,平等沟通,而不是利用自己高高在上的权威来管束孩子。

这时,父母对孩子的教养原则,可以用一个成语来总结——"欲擒故纵"。简单来说,父母越不放手,孩子越想飞;而当父母助力孩子飞得又高又远时,孩子反而会回过头来感谢父母。遗憾的是,很多父母没有掌握这个原则,孩子都快成人了,个子比父母都高,父母却还用对待幼儿的方法对待孩子;孩子的知识不断增长,父母的育儿知识还在原地踏步,这注定是会出问题的。

成功的亲子关系不是父母把孩子拴得多牢,而是把孩子放飞得有多高。

以上三个阶段的教养原则意味着父母要随着孩子的长大而不断调整自己的教养策略,这样才能更好地维系亲子关系。在孩子成长的道路上，每个阶段都有每个阶段的困难，每个阶段也都有每个阶段的挣扎，这就是亲子之爱的过程。每克服一次困难，父母和孩子之间就能多获得一份亲子之爱。

成长的困难就像是一本书，别老盯着一页看，翻着翻着，困难就过去了。

第三节　父母关系影响亲子关系的质量

心理学家发现，亲子关系的质量在一定程度上受父母关系质量的影响。父母之间相处得不融洽，他们与孩子的关系也会受到消极影响。

心理学家做过一项研究，该研究成果于 2019 年发表在著名的《发展心理学》(*Developmental Psychology*) 上。研究一共分析了 237 对父母，并前后追踪了 3 年。这些父母都有 8 ~ 16 岁的孩子。研究人员每年都要求他们连续写 15 天日记，报告他们夫妻之间的关系状况，以及他们与孩子之间的关系质量。结果发现，如果父母当天吵架，那么孩子的情绪就会受到影响，这一天他们与孩子的关系质量也会下降。

这项研究结果表明，父母为孩子提供了关系的榜样，孩子通常会在父母的冲突中学习如何应对冲突。因此，父母最好不要当着孩子的面发生较大的冲突。如果不得已在孩子面前发生了冲突，父母双方也要展示出应对冲突的良好的人际技巧，为孩子树立如何应对人际冲突的榜样。

总之，亲子依恋关系不只是两代人之间的相处沟通状态，更关系到孩子看待自己和这个世界的方式和视角，而这又会对孩子的成长与发展产生深远的影响。因此，了解亲子关系的原始基础和底层逻辑，就能更容易与孩子建立健康的依恋关系。如果亲子关系不好，父母不要迁怒于孩子，而应该多反思自己的养育方式。科学养育，才能收获良好的亲子关系，也才能更有利于孩子的健康成长和全面发展。

第九章

社会互惠与友谊

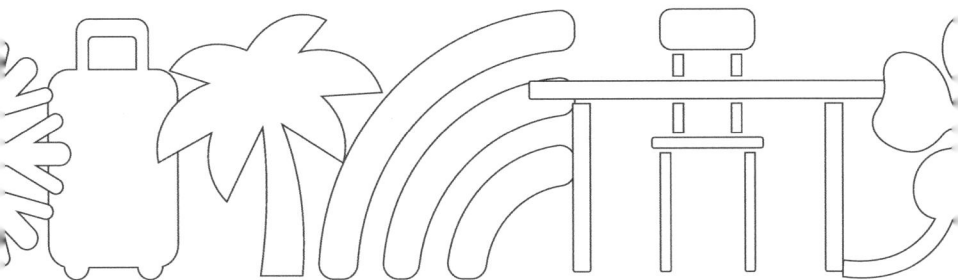

第一节　社会互惠与社会交换

2012 年，《自然》发表了一项研究，研究者们（Apicella, Marlowe, Fowler & Christakis）考察了一个以狩猎为主的原始部落的社会关系网络和人际合作的特性与重要性。之所以选择原始部落的人群进行研究，是因为他们还没有受到现代文明的影响，也没有受到现代资本和金钱逐利的影响，物质生活简单。在这种群体里，人们更容易看到人类本性的原始状态。

研究中有这样一个环节：研究人员给部落中的每一个成人发放若干瓶蜂蜜，这些蜂蜜对狩猎部落的人群来说十分稀有而珍贵。然后，研究人员询问每个人，是否愿意把自己的蜂蜜作为礼物赠送给自己认识的某些人。为了防止他们一时想不起部落中其他人的名字，还有专人拿着部落人员名单来提示他们。

结果发现，那些愿意送出蜂蜜的人，也会得到更多他人的馈赠，虽然事先他们并不知道谁会送给自己。

这项研究结果表明，即使在原始的生存环境中，人们也懂得互相支持、互相馈赠，即互惠的道理。因为他们明白，自己并没有因为馈赠他人而蒙受物质上的损失，送出去的又都收回来了，甚至还得到了他人的爱戴和帮助。

这也意味着，互惠是一种生存之道，也是人际社会中强化交际的关键。越是乐于合作的人，越能够获得其他人的合作；越是愿意帮助别人的人，也更可能得到别人的帮助。这种合作会使个体和部落更加强大，也更容易让自己生存下来。

你越合作，别人越会善待你；你越吃独食，别人越会抛弃你。

现代心理学有一个重要的理论——社会互惠与社会交换理论。该理论指出，人们在互相交往过程中要遵循互惠原则。其实，这个理论在我国古代就已有之。比如，战国时期孟子主张的"爱人者，人恒爱之"，元代施惠说的"与人方便，自己方便"。又如，《诗经》中的"投我以木瓜，报之以琼瑶"，《礼记》中的"往而不来，非礼也；来而不往，亦非礼也"，等等。这些都表明中国是礼仪之邦，崇尚和谐关系，强调互助共赢，礼尚往来。简而言之，乐善好施、真诚待人是我们的民族品格，广交朋友、广结善缘是我们的行为习惯。

不只是中国，世界上还有很多国家也奉行这一原则。例如：英国的罗斯金说："为别人尽最大的力量，最后就是为自己尽最大的力量。"美国的卡耐基说："如果我们想交朋友，就要先为别人做些事——那些需要花时间、体力、体贴、奉献才能做到的事。"这些都表明，互惠互助是维系人际关系、社会正常运行和收获友谊的重要原则。

第二节　友谊及其规则

如果你经常与一个人相处，并且互惠互助，那么你们之间就会形成一种固定、友好的关系，这种关系就是友谊。友谊是对普通人际关系的升级，在人们的日常生活中起着极其重要的作用。

那么，我们该如何维护友谊呢？或者说，友谊的维护需要遵循什么样的规则呢？

最有资格谈论这个话题的学者之一，当数英国著名心理学家迈克尔·阿盖尔（Michael Argyle）。阿盖尔曾任教于英国牛津大学，我在牛津大学做研究期间，每周都会去他的办公室参加他主持的研讨会。参加研讨会的都是他的学生和访问学者，大家有时围桌而坐，有时席地而坐，气氛永远是热烈而友好，每次还会有各种各样的小点心。阿盖尔是一位非常热情的人，会在自己的办公室或家里招待来自各个国家的学生和学者，待人十分随和，没有一点大学者的架子。这也是他建立友谊的方式。

有一次，阿盖尔要在下课后马上参加苏格兰节日游行，而下课后时间很短，来不及换衣服，他就干脆先穿好苏格兰裙去上课。正是这种亲和力，让他结交了来自世界各地的合作者，他们还一起做了一个非常著名的研究。在这项研究中，他们先列出很多与友谊有关的规则，然后让来自不同国家和地区的志愿者逐一评价，看哪些是他们自己的文化中所信奉和遵守的规则。

通过筛选，阿盖尔列出了十条公认的规则。

第一，不要唠叨不休，不要用自己的烦恼或不满去惩罚对方，每个人都难免会有不足或缺陷，所以要学会包容。没有包容，就没有朋友。

第二，对朋友有信心，相信对方是自己可以依靠的人。即使有时对方做不到那么完美，也是事出有因，毕竟每个人都有自己的难处。

第三，给予朋友情感上的支持。朋友能提供的最大资源之一就是共情，共情可以让人感受到有人帮他分担压力，从而觉得自己的负担没有那么重。

第四，在朋友危难时，要自觉主动地提供帮助。多个朋友多条路。在很多时候，朋友可以帮助自己渡过难关。

第五，与朋友彼此信赖、彼此倾诉。人都是有思想、有感情的，每个人都希望倾诉自己的想法和苦衷，这时就需要一个很好的倾听者。

第六，与朋友分享成功的喜悦。朋友之间，有难可以同当，有福自然也可以同享。分享成功的喜悦，幸福感就会成倍地放大。

第七，不嫉妒彼此的关系。虽然是朋友，但每个人都有自己的朋友圈，要学会接纳，学会认可。一般来说，朋友的朋友也会成为自己的朋友；但如果朋友的朋友不是自己的朋友，也要学会坦然面对。

第八，当朋友不在场时，能够维护朋友。也就是说，任何时候都要力挺朋友，为朋友说好话。

第九，与朋友之间有债必还，有恩必报。如果你坑朋友，占朋友的便宜，彼此就做不成朋友了。朋友能为你两肋插刀，是因为你有恩于他，而不是你图谋他的好处。

第十，在一起时让对方感到开心、感到快乐，这也是朋友的一份责任。

如果在人际关系中能遵循以上这些规则，友谊就会更牢固、更长久；相反，如果违背了这些规则，关系就可能会破裂。

那么，有什么科学的方法能够证明友谊的力量呢？

举个例子，我们在乘坐飞机外出旅行时，多数情况下会选择靠窗的座位，因为可以俯瞰窗外的美景，特别是去一个陌生的目的地时。

试想一下，如果你和一位朋友一起乘坐飞机去旅行，你们的座位是挨着的，一个靠窗，一个不靠窗，而朋友主动对你说："你来选座位吧，你喜欢坐哪个？"在这种情况下，你会做出什么选择？是选择自己喜欢的靠窗座位，还是把靠窗座位让给朋友？

这是一个两难的选择，你面临动机冲突。如果你选择靠窗的座位，你的朋友就无法享受这个座位的好处；如果你出于友谊，把靠窗座位让给朋友，你自己就无法享受这个座位的好处。该怎么办呢？

针对这个问题，芝加哥大学的心理学家（Kardas, Shaw & Caruso）做了一系列研究，该研究的成果于 2018 年发表在《人格与社会心理学》（*Journal of Personality and Social Psychology*）上，文章标题是

"如何在放弃蛋糕的同时又可以吃到它：放弃控制会引发互惠行为"。

　　研究发现，在上述情况下，人们更多的选择是把靠窗的座位让给朋友，即主动利他。这么做是因为人们相信朋友，曾受恩于朋友，对方值得自己把更好的机会、更好的选择慷慨让出。而且，自己的这种利他行为还会激起对方的感恩之情，并回馈更多的互惠行为。

　　研究还表明，当人们感知到对方是出于真诚的利他动机慷慨相助时，自己会更愿意回馈对方。研究人员在各类资源，如金钱、食物、休闲机会的分配上，都证明了上述现象。这就意味着，在社会生活中，人们处理人际关系和面对友谊时都会遵循互惠原则。尤其在面对友谊时，会更愿意为对方付出。而维系友谊就像养花，你真诚勤恳地照料它，它就会绽放出漂亮的花朵来回报你；你不愿意打理它，它就会枯萎，你也什么都得不到。

　　世上没有绝对不求回报的情感，想要维护友好的关系，获得真挚的友谊，双方就需要保持一个利益的平衡。如果这个平衡被严重打破，就可能导致关系破裂。互惠关系最好的状态就是：我很好，而你也不差；我能给，而你也能予。它不是一方一味地付出，而是双方的共赢。

第十章

情感婚恋关系

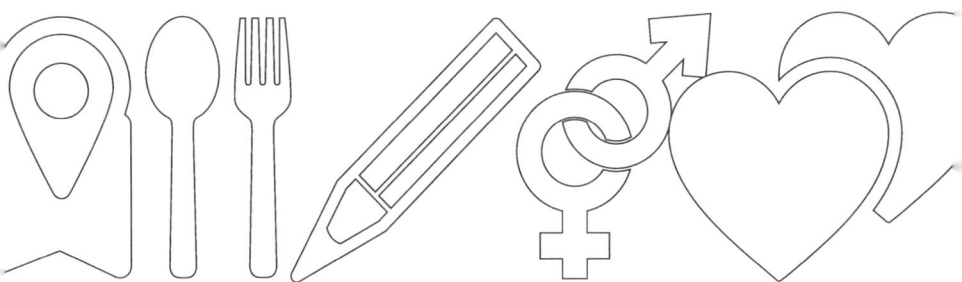

第一节　吸引力：倾慕对方的原因

婚姻关系的基础是恋爱关系，而恋爱关系的最初动因往往是被对方吸引，产生怦然心动的感觉。对方的某些方面能够满足我们的某种心理需要，对我们具有奖励价值，也就构成了吸引力。

那么，这种吸引力是如何产生的呢？

其中有很多可能性原因，有些是我们能够意识到的，有些是没有意识到的。通常来说，吸引力是由以下原因引发的。

容貌

女性容貌美丽或男性容貌英俊，都是非常吸引人的，总是会在众多形象中脱颖而出，吸引大众的注意力。

事实上，漂亮的容颜非常养眼，这是对人类视觉的直接奖赏。不仅如此，人们还会觉得，自己找一个容貌出众的伴侣可以让后代更漂亮。这就有了一定的进化心理学的意义。

研究发现，人们比较喜欢长着一张娃娃脸的人，让人感觉可爱且没有任何威胁。一般来说，男士喜欢女性柔美的外貌，感觉和顺；女性则喜欢男性刚毅的面孔，感觉安全。

身材

身材也是构成吸引力的一个重要因素。通常来说，女士会喜欢身材强壮的男士，这不仅让人有安全感，也能使后代更加健康；而男士一般喜欢身材窈窕的女士，认为这是生育能力良好的标志。

拥有较好的容貌和身材的人，在社会上会获得很多好处。有研究发现，容貌和身材好的人，在工作中的收入更高，晋升也更快。

地位与财富

具有一定的地位与财富，会给人一种有实力、有能力的感觉。能与这样的人建立婚恋关系，也意味着可能会拥有更优质的生活。所以，地位与财富也是构成吸引力的关键要素。

智力

较高的智力水平是很有吸引力的，有时甚至会胜过容貌和身材产生的吸引力。因为聪明的伴侣会为生活带来更丰富的内涵，如乐趣、幽默、惊喜等，同时高智力水平也有利于家庭和后代实现阶层跃迁。

性格、价值观等非智力因素

研究表明，大五人格中的宜人性是两性关系中最有建设性的人格特质，因此也最有吸引力；相对来说，神经质是最具破坏力的，所以吸引力也最差。

此外，正确的价值观，如相互尊重、理解、信任、忠诚等，也是增强吸引力、让对方倾慕的关键因素。缺乏正确的价值观，即使凭借容貌、身材、财富、智力等建立起一定的吸引力，也难以维持长久的关系。

个人的躯体特征、社会地位特征和心理特征，这些特征相互作用，决定了一个人的吸引力。如果其中的某一特征非常突出，可能就会掩盖其他特征，产生"晕轮效应"，使人们对这个人的其他方面视而不见，从而陷入盲目的情感。

接近度

心理学家利昂·费斯汀格（Leon Festinger）曾对学生的友谊关系进行了分析，结果发现，宿舍里住的位置接近的同学，更可能成为朋友。产生这种现象的一个可能性原因，就是人们对自己周围的人更容易了解，也更容易接纳和产生好感。

但是，这也容易造成一些错觉，误以为物理空间上接近的人，在情感上也是更接近的人。回想一下，你对自己读书时期的同桌是不是印象更深、感情更好？但是，这种情况不见得会发展成为合适的情感婚恋关系，也不是必定构成高质量婚恋的基础。

熟悉度

人们更容易被自己生活中频繁接触的人吸引。心理学家研究发现，仅仅是经常看到对方，哪怕没有任何实质性的交流，也会增加对对方的好感，这种现象被称为"曝光效应"。在一项研究中，研究人员安排一些女大学生在课堂上分别出现 15 次、10 次、5 次，到学期结束时，让人们评定对女生的喜欢程度。结果发现，出现次数最多的女生具有更高的吸引力。

接近度和熟悉度都反映了人际关系中的环境因素。也就是说，环境条件会限制情感婚恋的对象范围，使人接触外界的机会大大减少。

相似度

在生活和工作中，人们更容易接近与自己各方面都比较相似的人，这是一个非常现实的策略。因为即使对方看上去并不那么理想，但因为与自己相似，既然自己能接受自己，也就能接受对方，并且这样的关系也更牢靠。这也可以解释"夫妻相""情人眼里出西施"等现象。

你的伴侣有哪些地方对你产生了吸引力呢？

以上因素中，有些因素可能比较脆弱，如容貌、财富等，因为你会遇到容貌更好、财富更多的人，原来的关系就容易瓦解；但有些因素会更牢固，如性格、相似度。在情感婚恋关系中，当我们被异性吸引时，自己一定要做到心中有数。

需要注意的是，吸引力可能是产生感情的原因，但不等于感情本身。对方有吸引你的地方，也不意味着你一定会爱对方，更不意味着对方会爱上你。如果把吸引力等同于爱情，一旦吸引力减弱或消退，爱情就失去了基础，难以继续维系。弄不清楚这一点，你可能就会经历感情的悲剧。

婚恋中要找的并不是最吸引你的那一个，而是与你最合得来的那一个。

第二节　认知偏差：看重的就是最好的吗

在现实生活中，人们一旦被对方的某个优点吸引，就很容易做出对方就是自己终身最爱的判断。这是一种思维过度聚焦导致的狭隘的认知偏差——螃蟹定律。随后，人们会找出各种理由，拼命证明自己的选择是最好的选择，这又犯了自我确认偏差。唐诗《离思》中"曾经沧海难为水，除却巫山不是云"说的就是这种现象。

图 10-1 中有几个图形，如果你盯着黑色部分看，你会发现，它们只是一些形状奇怪的图形，有的像钉子，有的像蜡烛，但很难说到底是什么。

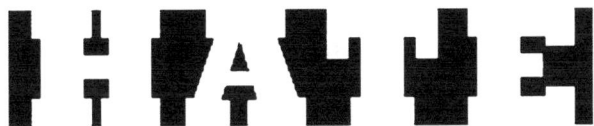

图 10-1

但是，如果你盯着白色区域看，就会发现完全不同的景象：图中有四个英文字母，这四个字母构成一个单词"HATE"（恨）。

很多人第一眼往往看不出来这四个字母，因为人们习惯以更大的物体做背景，以小的物体做知觉对象，所以第一眼很容易盯着黑色部分看。虽然你观看的是同一幅图片，但盯着黑色部分和盯着白色部分观看后得出的结论却完全不同。

同样的道理，对同一个人，如果你只盯着优点看，那么怎么看都会觉得对方很优秀；而如果你只盯着对方的缺点看，那么怎么看都会觉得对方很糟糕。问题是，人们有只盯着对方的优点或缺点看的先天倾向，很难做到一分为二、全面地看待问题。这是情感婚恋关系中的大忌，处理不当，很可能会因爱生恨，甚至出现这样的情况：你看上的人，别人不以为然；你看不上的人，别人可能艳羡不已。总之，观点角度不同，看到的人也会不同。

更糟糕的是，人在恋爱时往往只盯着对方的优点看，而结婚后只盯着对方的缺点看。于是，整个世界都被颠倒了，再也不愿包容对方，甚至会因此悔恨不已：自己当初怎么瞎了眼？

认知的偏差会导致情感的破裂。

实际上，人还是那个人，只是你看待对方的方式、角度发生了改变。对此，心理学家的建议是，你应该倒过来看待对方：在恋爱时多看对方的缺点，慎重一点；而在结婚后多看对方的优点，包容一点。

婚恋的悲剧往往在于你只准备接受对方的优点，而没有准备接受对方的缺点。

另外，还有一种认知偏差是，得不到的才是最好的。由于对方的吸引力具有一定的奖赏价值，一旦得不到就容易产生一种缺失感，也会夸大对方的价值，从而产生认知偏差。

实际上，爱情的悲剧往往在于：情感过剩，理性缺位。能不能、该不该将爱情进行到底，最终还是应该取决于理性何时归位。把问题想清楚了，内心才能获得安宁。

第三节　情感婚恋关系中的那些问题

1938 年，时任哈佛大学卫生系主任的阿列·博克（Arlie Bock）提出了一个计划：追踪一批人从青少年到生命终结这段历程中所发生的事情，了解他们的状态与遭遇，并及时、完整地记录下来。这个计划的目的是想解答一个困惑人类已久的问题：什么样的人最有可能获得幸福？

这项研究持续了 75 年，在研究过程中，心理学家追踪了 700 多位参与者，对他们进行了调查、访谈等研究。2015 年，哈佛大学医学院教授罗伯特·瓦尔丁格（Robert Waldinger）走上世界著名演讲大会TED 的舞台，向人们揭示了这项持续 75 年的研究发现的一个令人震惊的秘密：决定人一生健康与幸福的不是拥有多少钱，不是功成名就，也不是天赋智商，而是拥有良好的人际关系。这才是一个人保持健康、快乐与幸福的关键所在。

这项研究还传递了第二个重要信息：在良好的人际关系中，起决定性作用的不是一个人拥有的朋友数量，而是其所拥有的亲密关系质量，其中包括亲情、友情和爱情三类亲密关系。其中，恋爱婚姻里的亲密关系是最核心的关系。

但是，现实生活中的婚恋关系却存在各种各样的问题，有些问题处理不当，很容易破坏感情，影响亲密关系。

送礼物

送礼物是建立积极人际关系的一种方式，在恋爱过程中尤其如此。送礼物可以表达情感、表达诚意，甚至表达某种特殊的社会信息，包括身份、地位、审美、品位、财富等。比如，男性在追求女性时，经常通过赠送昂贵的礼物或者带着女性到高级场所消费来炫耀自己的经济实力，试图以此证明自己是一个出色的伴侣。

然而在现实生活中，送礼物的效果并不总是尽如人意，有时可能会适得其反。比如，男性送一份贵重的礼物给女性，女性并不愿意接受，而这会让男性觉得女性的心思难以捉摸。

心理学家发现，其实送什么礼物、什么时候送礼物等都是有讲究的。2020 年，发表在《实验社会心理学杂志》（*Journal of Experimental Social Psychology*）的一项研究指出：女性对男性赠送的贵重礼物可能会持积极和消极两种反应，这主要取决于两个人所处关系的阶段。

一般来说，在关系建立的初期阶段，相对于奢侈贵重的礼物，女性更偏好普通的礼物。因为奢侈品往往代表着财富、地位和权力，而向对方赠送这样的礼物，意味着自己的地位高人一等，这会导致关系中的权力失衡感，在恋爱的初期是令人不适的。因此，男性如果在恋爱初期就想通过送奢侈品获取好感，很可能会弄巧成拙，不仅无法赢得芳心，甚至会令女性没有安全感，最终无法收获爱情。

实际上，有时送礼讲究的是礼轻情意重。真正的感情并不需要特别贵重的礼物来陪衬，因为它本身就是生活中最好的礼物。

"恋爱脑"

莎士比亚在《威尼斯商人》中写道："爱情是盲目的，恋人们都看不见。"这句话让人深以为然。

爱是一种美好的感觉，容易让人陶醉其中。但是，在爱情中，有的人常常会表现出一些很不理智的行为。比如，一味地迁就对方、轻易原谅对方的过错或者过度依赖对方等。在现实生活中，人们经常用"恋爱脑"来形容这种在爱情中失去理智的人，仿佛是恋爱导致他们的智商下降，甚至使他们丧失了原则和基本的判断能力。然而，研究表明，这种"恋爱脑导致智商下降"的现象是有生理学机制的，是由于他们体内分泌了大量的"爱情激素"——多巴胺（Dopamine）。

多巴胺是一种神经激素，能使人快乐。爱情会涉及一种神经生化反应：当一对男女一见钟情或逐渐产生爱慕之情时，多巴胺等神经递质就会源源不断地分泌，人就有了爱的幸福感。这个时候，人的情感就会驱走理智。

2021 年，萨班达尔（Sabandal）等人在《自然》上发表的一篇文章指出：多巴胺神经元参与了短暂遗忘现象。人为激活多巴胺神经元，并不会消除长期记忆，只是短暂地抑制了记忆检索，导致理智缺位。据此，我们就可以解释，人们在恋爱中分泌了大量的多巴胺，短暂地抑制了一些记忆，让一些原本常识化的判断变得模糊；而当热恋期过去后，多巴胺分泌减少，这些被短暂抑制的记忆逐渐清晰，人们才会逐渐回归理智。

考验对方

在情感关系中，人们经常想知道伴侣是否真的在意自己，为此使出各种办法来考验对方。比如，有的人会假装晕过去，看看自己的伴侣会是什么反应；有的人甚至假装溺水，看看自己的伴侣会不会拼命相救。

心理学指出，如果人们真的很在意亲密关系中的另一半，就会非常担心对方的健康和安危。如果对方遇到危险，自己会感到非常焦虑，甚至比自己处在同样的情境下还要焦虑。这说明自己心中有对方，很在意对方。

心理学家卡西米等人做了一项研究（Ghassemi et al., 2020），招募了很多志愿者，并将志愿者随机分成 3 组，然后让每个人阅读 9 个陷入危险的情景。其中，第一组志愿者是想象自己置身于危险情景，第二组志愿者是想象与自己亲密的人置身于危险情景，第三组志愿者是想象普通的朋友置身于危险情景。结果发现，在评价焦虑程度时，第二组志愿者表现得最焦虑、最担忧。

这项研究结果再次表明，人是一种社会性动物，很看重感情，对与自己亲密的人会非常关心，甚至胜过关心自己；而当亲密关系质量下降时，可能就不会那么在意对方的安危了。

当然，这里也提醒大家，尽量不要用极端的方法去"检验感情"，那样做可能显得既幼稚又危险。事实上，当你反复想要考验对方的感情时，反而说明你缺乏安全感，对你们的这段情感关系没有信心。而且，你的言行也表达出对对方的不信任，甚至是在拷问对方，结果很可能是"越烤越焦"。

分手

亲密的恋爱关系是幸福的，分手却是一件痛苦的事情。当一个人在一段恋爱关系中感到不开心、不满足时，是毅然决然地选择离开，还是继续下去、维持现状，相信每个人都会有不同的选择。

那么，有些人明明和另一半在一起时不开心，却依旧不愿意结束这段关系，这是什么原因呢？

心理学家对此也进行过研究，最后发现了两类原因。

第一，人们在自己所处的恋爱关系中投入了一定的情感、时间和其他资源，如果选择结束关系，就意味着这些付出即将作废，令人不忍。这就是情感中的沉没成本效应。

第二，人们会觉得下一段感情或单身状态不一定会比现在的状态更好，因此不敢贸然分手。这种情况被称为"拖累效应"，即明知无效，还是紧抓包袱不肯松手。

以上两个原因都是以自我为中心的，在做决定时也主要考虑自身的利益。然而，人们是否做出分手的决定，还会受到对方的影响。相互依存理论（interdependence theory）指出，两个人在相处时，不只是彼此的特质、观点等会互相影响，彼此共同拥有的经历、所处的情境等因素也会影响交往，因此当个体做决定时，也会考虑到对方的需求。

心理学研究便证明了这一点，该成果于 2018 年发表在《人格与社会心理学》上。研究者招募了 3 952 名志愿者，对他们进行追踪调查，结果发现，在排除了对伴侣的感激之情和感情投入后，他们在决定要不要持续恋爱关系时，往往都会考虑另一半的感受。当人们相信另一半对关系的承诺程度足够高，认为另一半会因为分手而感到悲伤时，他们分手的可能性就会降低。这个研究也表明，人们的亲密关系同样遵循互惠的原则。

不要让过去的事，锁住未来的梦。

七年之痒

我们经常会听说银婚、金婚、钻石婚等，表示两个人的婚姻经历了很多年。但是，也有些夫妻会经历七年之痒，有的甚至连三年都维系不了。到底是什么因素让甜蜜的感情在短短几年内就出了问题呢？

绝大多数新婚夫妇都会面临这样的矛盾：一方面，年轻人具有崇尚自由、自我中心、尝试各种生活可能性的特点；另一方面，婚姻需要相互依赖和稳定的本质。如果无法平衡好这两个方面，双方就不能很好地适应婚姻，婚姻满意度也会降低。

有学者（Tong, W., Jia, J., He, Q., Lan, J., & Fang, X., 2021）专门研究分析了中国新婚夫妇情感满意度的变迁，研究结果发表在 2021 年的《发展心理学》上。该研究调查了 268 对新婚夫妇，最后总结出三类影响婚姻关系质量的因素。

第一类：性格。比如，神经质较高的人更容易冲动，产生婚姻中的适应不良，因此也更容易体验到不满意的婚姻。

第二类：人际互动方式。如果在伴侣面对困难时，另一方可以提供支持，就会使婚姻更幸福。而消极情感的增加和积极情感的减少，则会导致婚姻满意度降低。

第三类：生活方式。新婚夫妇开启新的生活模式后，可能需要应对各种新的情境，如生育、还贷、婆媳关系、子女教养等，这些都会带来压力和矛盾，对婚姻满意度产生很大的消极影响。只有双方共同努力，渡过这一关，爱情、婚姻才能历久弥坚。

以上三类因素分别涉及个人–双方–环境，只有成功解决这个"三角关系"，才能长久地维系感情。其实，婚姻生活中双方的每一次共赴，每一次互相理解和搀扶，都是为婚姻质量的大厦添砖加瓦。正是每一次的相濡以沫，才使婚姻的小船经得住远航的风浪。

说到这里，不能不提一下宋代词人秦观的《鹊桥仙·纤云弄巧》中的名句："两情若是久长时，又岂在朝朝暮暮。"这说的是，如果两个人之间真的达到情感永恒的境界，就不必在意一朝一夕的相处。但是，问题在于，怎样才能实现"两情久长"的境界呢？这恰恰是在于平时一朝一夕的相互呵护、担待、扶持啊！所以，这两句反过来说也是对的：正是平时一点一滴、日积月累的亲密相待，才能筑成无极之爱，实现情感的永恒。

两情若能久长时，恰缘在朝朝暮暮。

第四节　维系亲密关系，提升亲密情感

先讲一个真实的故事：

很多年前，我在英国牛津大学做研究工作。有一次，我去伦敦参加新春晚会，散会后已经是晚上 10 点多，一位朋友盛情邀请我搭他们的车回牛津。我和他们夫妻俩都很熟，在牛津的住所离得也不远，于是欣然接受邀请。

然而，我们回去的一路上并不愉快。首先，大晚上开车视野不好，那时也没有导航仪，开车并不是一件轻松的事，他们夫妻俩为此拌了一路嘴。妻子抱怨说："你是怎么开车的？"丈夫回嘴道："你说我怎么开车的？"妻子又抱怨："你看错路标了！"丈夫反驳道："你不要瞎指挥，又不是你开车！"过了一会儿，妻子又说："你出错口了！"丈夫再次反驳："不可能！"……就这样，一路上她一句、他一嘴，吵得面红耳赤，结果丈夫还真走错了出口。本来不到 2 小时的车程，硬是走了 4 小时，直到凌晨 2 点我才回到家。

在生活中，恋人或夫妻两人因开车拌嘴，甚至吵到离婚的，并不

少见。好在我当时在车上坐着，否则我相信两个人会吵得更凶。爱情和婚姻中难免会有磕磕绊绊，但一时的不快，并不意味着一段关系的终结。在现实中，我们必须客观、理性地看待这些"事件"，毕竟它们只是难免的意料之外。

那么，在现实生活中，哪些因素会影响亲密关系的质量呢？

心理学家对此做了系统的梳理，并得出了一些结论。

破坏亲密关系质量的因素

心理学家研究发现，生活中有很多因素会破坏亲密关系的质量，其中主要包括以下几种。

1. 印象管理

在一段关系的初期，人们往往会努力地管理自己，争取给对方留下好印象，以此提高自己的吸引力。他们会表现得非常有礼貌，想办法取悦对方。但是，过了这个阶段后，一部分人可能会原形毕露，不再那么刻意包装自己。这会让对方感到诧异，因为他们好像变成了一个陌生人。

因此，如果你不想破坏好不容易建立起来的亲密关系，那么在关系建立初期就要充分了解对方，切忌以偏概全，更不可爱屋及乌。

2. 自尊不足

低自尊的人容易缺乏安全感，在亲密关系中，也容易觉得对方对自己有威胁，甚至无中生有地认为对方看不起自己、诋毁自己。同时，他们还会对一些无关紧要的小事很在意，甚至小题大做，质疑对方。这些行为都会让对方感到难堪和不舒适。

如果关系双方的地位、收入、相貌等各方面因素不匹配，弱势的一方就容易产生以上这些感受和反应。这也再次提醒大家：在亲密关系中，"般配"与否很重要，尤其是两个人在精神与认知上的"般配"。

3. 理想主义与现实主义的换位

在亲密关系建立初期，人们秉持的是理想主义心态，觉得一切都是最好的，浪漫到了极致，对可能存在的危机、风险缺乏警惕，甚至视而不见。而一旦关系进入中后期，人们又变得非常现实主义，对一点点小事都会吹毛求疵，刻薄挑剔。这会让情感关系完全失去浪漫色彩，亲密感逐渐消退，甚至荡然无存。

4. 被浪漫蒙蔽

当亲密关系中两个人的想法太过浪漫时，对自己在关系中需要付出的努力和代价往往估计不足。比如，有的女生喜欢男生给她送花，在恋爱阶段男生觉得经常送花可以接受，但如果步入婚姻后还要每周送花，双方就可能发生争执。

在任何一段亲密关系中，只想收获而疏于付出，被浪漫蒙蔽，都经不住长期的考验。

5. 非常速配的假象

一段恋爱关系一旦进入婚姻阶段，生活方式就可能发生前所未有的变化。比如，双方衣食住行都在一起，就容易发现两个人在很多方面并不是真的匹配。尤其在发现对方缺点越来越多时，就会产生很大的挫败感。

6. 冲突

在亲密关系建立早期，双方往往都会小心呵护，甚至每说一句话都会担心是否造成歧义，让对方误会。然而到了亲密关系建立后期，人就会变得越来越随意，不那么戒备，也不那么谨慎，这就可能会在言语和行动上给对方造成伤害，甚至痛苦。如果人们事先对此预期不足，以致不能接受、不能原谅，就会导致感情破裂。

在亲密关系中，双方之间其实是一种非对称的互动活动。有时候，一分努力可能会换来十分回报，但一次破坏也可能抵消千百次付出。我们希望情感中的双方可以很好地维系亲密关系。

维系亲密关系的方法

"问世间情为何物，直教人生死相许。"追求亲密关系，始终是人生重大课题之一。这个课题也确实难倒了不少人。有些人视亲密关系如氧气，缺了就无法生存，为此会在亲密关系中委曲求全、牺牲自己，只为能留住对方；也有一些人会拒绝亲密关系，不敢靠近；而更多的人是在亲密关系中跌跌撞撞，有时感到幸福无比，有时又感到困惑迷茫。

很多时候，人们并不是苦于找不到可以相爱的人，而是困于如何维系好关系，保持相爱的感觉。要想维系亲密关系，可以从以下几个方面着手。

1. 调整认知

要在认知上下功夫，把双方看作一个整体，而不是分为你我两个独立的个体。因为婚姻、家庭原本就是一个整体，是相互依赖、相互依存的关系。这种认知可以强化双方命运共同体的感觉，让双方在情感婚恋关系中荣辱与共、共同努力。

2. 用积极的眼光看待对方

生活中谁都会犯错，这是不争的事实。世界上没有十全十美的人，也没有绝对不犯错的人，更没有永远不说错话的人。你看到一片花海，会很欣赏，但并不是每一朵花都绽放得那么漂亮。生活也是如此，在平凡的日常生活中，每个人都不可能谨小慎微地让自己时时刻刻表现完美。所以，双方都要学会接纳和包容对方。无论什么事情，都用积极的眼光去看待对方，认为对方就是最好的伴侣。即使对方有缺陷、有不足、有失误，也要理解，这不过是一种正常现象。

每个人都有自控力，但每个人的自控力都是有限的。在自控力不足时，难免会说错话、做错事，或者有一些小冲动，发点小脾气。心理学家研究发现，人在压力比较大、身体比较疲倦、严重缺乏睡眠的时候，自控力水平就会下降。这时，说几句不当的话、耍点小性子，我们都要表示理解。

情感中关键的不是对方会不会出错，而是自己不要成为那个挑剔的人。

3. 忠诚

良好亲密关系的底线是忠诚。研究表明，忠诚的伴侣会让人感到幸福，感到生活很美好。所以，有一个忠诚的伴侣也是自己美好生活的基础，甚至会让人产生一种优越感，觉得自己就是世界上最幸福的人。这样，人们就更愿意坚守现有的亲密关系。当然，一个人在对现有的亲密关系感到满足、开心、幸福时，他就不可能去找第三者，也相信对方不会有第三者，相信自己不会被替代。

心理学家将维系亲密关系比作雕塑，因为维系亲密关系需要双方共同付出努力，相互协同、配合，按照双方共同的意愿，"雕刻"出双方都满意的理想作品，那就是爱情。

　　因此，爱情是双方共同劳动、共同付出、共同合作、共同构想和相互谦让的结果。如果你想这样雕刻，对方想那样雕刻，两个人想法不一样，那么最后雕刻出来的就可能是个"四不像"，是个失败的作品，这就无法形成亲密关系。

　　上述这个比喻虽然强调了感情建立前期的动态过程，但一旦雕塑成功，雕塑活动完结，好像关系也就终结了，或者到达顶点，对随后的过程并没有给予解释。

　　为此，我更倾向于把维系亲密关系比作开凿和维系一条爱情之河。双方一起规划、开凿这条爱情之河，双方付出的努力越多，坚持得越久，这条爱情之河就越深、越宽、越长，双方沐浴其中感受到的情感就越深厚，收获感也越强烈。然而，河流可能会干涸，河中也可能会长草，河水可能受到污染。故而爱情之河修通后，还需要不断维护它，这样双方才能拥有长久的、甜蜜的爱情。

　　总之，情感婚恋关系可以给人们带来安全感和幸福感，对人们获得情感上的满足、维持心理健康和提高生活质量有着重要作用。然而，健康良好的关系也需要双方都付出努力和投入精力。幸福的关系并不是没有冲突，毕竟两个人的结合背后有着各自的原生家庭、价值观念、成长经历与创伤，这些都会让冲突变得复杂、隐秘而又极具伤害性。

但是，能够好好地解决冲突，将冲突转化为亲密关系的"黏合剂"，才是我们能够收获幸福而长久的情感婚恋关系的关键。

真正的爱情不是一时的好感，而是一项需要长期努力的事业。在感情中，要做积极的建设者，而不是消极的破坏者。

后记

王　垒

　　读完《生活中的心理学》，你会收获生活的法宝、思维的窍门、情感的温热、性格的阳光，拥有心理学的力量。

　　你会更理智而淡然地面对人生：

- 你不能确定总能赢，但你能选择不怕输。
- 你不能选择世界，但可以选择自己的活法。
- 你是谁固然重要，更重要的是你想成为谁。

　　你也会更积极乐观地迎接人生，而不是躲闪：

- 快乐可以投资，幸福可以存储。
- 生活，也许会错过你一时的期待，但不会辜负你一生的勤奋。
- 比时间，你拼不过历史；比速度，你能赶上未来。

你也能更辩证地理解生活，更潇洒地面对生活：

- 活得潇洒不是无所不为，也不是一无所为。
- 有什么都能开心，没有什么都不必不开心。
- 看淡你曾特别看重的，看重你曾特别看淡的。
- 要让快乐成为自觉的选择和习惯，培养对不良情绪的隔离功能和免疫功能。

你也会在未来的路上变得更机智：

- 人生的路可能会越走越难，但不要越走越沉重。
- 注意该注意的，忘记该忘记的，学习该学习的，改变该改变的。
- 让该来的都来，让该去的都去。
- 放下拿不起的，拿起放得下的。

你还能学会做自己的主人，做生活的设计师：

- 要设计命运，而不是被命运设计。
- 没有岔路口的人生，要么是无路可走，要么是没有选择。
- 你不是万能的神，也不是无能的人。
- 精彩的人生，就像钻石，来自精心的切割和刻意的打磨。
- 人生能否一路精彩，不是选择题，而是作文题。你的人生，你来创作。

开阔、舒朗的生活，要像高山从不挽留江水，要像大海从不拒绝河流。